QVATRE LIVRES
DE LA GEOMETRIE
PRATIQVE·

Par D. Henrion *Mathemat.*

A PARIS,
M. DC. XX.

LA GEOMETRIE PRATIQVE.

Ovs auons diuisé ce traicté Geometrique en quatre parties, en la premiere desquelles sont diuers problesmes, partie extraicts des plus doctes Geometres, & l'autre partie de nostre inuention, au prealable desquels nous auons mis les deffinitions des mots, & termes de l'Art.

En la deuxiesme partie sera traicté de la dimention des lignes droictes, c'est à dire du moyen de prendre auec quelque instrument la distance ou interualle des lieux, la haulteur des tours, édifices, arbres, & montagnes, la profondité des puits, vallées, & fossez; & est ceste partie appellée par les Autheurs Altimetrie : Sera aussi monstré en icelle la maniere de prendre & rapporter sur le papier le plan de quelque place ou ville, ensemble la scituation de tous les villages, & autres choses qui se presenteront à la veuë.

En la troisiesme partie sera traicté de la dimension des superficies, appellée par les Geometres Planimetrie.

Et en la quatriesme & derniere sera traicté de la dimension des corps, appellée par les Geometres Stereometrie.

Et d'autant que les traducteurs des Elements d'Euclides de Latin en François ont traduict simplement iceux
Elements, delaissant beaucoup de choses, belles & necef-
saires, qui se pouuoient colliger & schollier à iceux : nous
auons annexé en ce traicté és lieux où nous l'auons iugé
estre à propos les principaux & plus necessaires Theoremes d'Euclide, & ce tout simplement, comme si c'estoiét
simples Axiomes, attendu qu'ils font demonstrez en leur
lieu ; en suitte desquels auons exprimé & declaré les con-
sequences qui se tirent de leurs demonstrations, afin de ne
renuoyer ceux qui n'entendent la langue Latine (en fa-
ueur desquels auons faict ce traicté François) en vn Au-
theur qu'ils ne peuuent entendre, lors que nos demonstra-
tiós s'apuyerót sur aucűs d'iceux Corrollaires; & auffi pour
ce que quelqu'vnes de nosdites demóstrations s'appuyent
sur autres Theoremes que ceux d'Euclides, nous auons
espars & demonstré iceux par cy par là, où nous auons
trouué qu'il estoit besoin d'iceux Theoremes.

PREMIERE PARTIE.

DEFFINITIONS.

Geometrie est l'Art & science de bien mesurer ; & bien mesurer
est considerer la nature ou quantité d'vne ou plusieurs choses me-
surables, & en comparant icelles entr'elles recognoistre quelle proportion
elles ont l'vne auec l'autre, & leur difference.

Le subiect de cest Art est magnitude, laquelle est vne quantité conti-
nuë, comprenant trois especes, sçauoir est ligne, superficie & corps.

La ligne est ce qui a longueur sans largeur, les extremitez de laquelle
sont poincts; & y en a de trois sortes, sçauoir est droiste, courbe & mixte:
la ligne droiste est celle qui est esgallement comprise entre ses poincts ;

ou bien c'est vn traict le plus court qui se puisse faire d'vn poinct à l'au-
tre. Mais la ligne courbe est celle qui est conduicte par circuit, depuis
vn poinct iusques à l'autre. Et quant aux lignes mixtes, elles ne sont en
vsage en la Geometrie; c'est pourquoy nous ne dirons rien d'icelles.

PROBLEME I.

Coupper vne ligne droicte donnée & terminée en deux égallement.

Soit la ligne droicte A B, qu'il faut coupper en deux
parties égalles : du poinct A, & de quelque interualle que
ce soit (plus grande tou-
tesfois que la moitié de
ladite ligne A B) soient
descris deux arcs, l'vn au
dessus d'icelle ligne , &
l'autre au dessoubs ; puis
du poinct B, & du mes-
me interualle soient des-
cris deux autres arcs qui
couppent les deux pre-
mieres en C & D ; puis
soit menée d'vne inter-
section à l'autre la ligne
C D , & icelle couppera
ladite ligne A B en deux parties égalles au poinct E, comme il estoit requis, dont la demonstration est faicte en la
10. p. 1. d'Euclides.

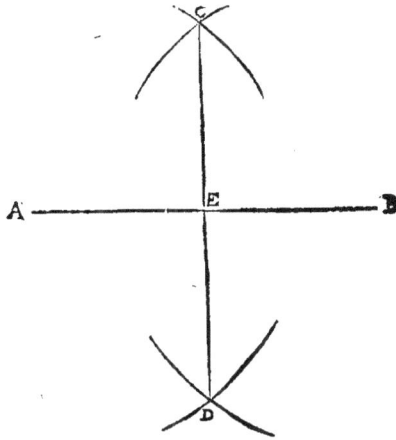

SCHOLIE.

Nous ferons aussi la mesme chose auec le compas de proportion, comme il ensuit.

A iij

Soit prise ladite ligne A B proposée à coupper en deux parties égalles, auec vn simple compas, & soit transferée sur le compas de proportion du costé de la ligne droicte, ouurant iceluy iusques à ce que l'ouuerture de 100. ou autre nombre pair soit precisément la grandeur de ladite ligne, puis apres estant ledit compas de proportion ainsi ouuert, soit pris l'ouuerture du nombre 50, moitié de 100, à l'ouuerture duquel a esté posée ladite ligne A B, & transferant icelle ouuerture sur ladite ligne A B, on la couppera en deux égallement, au poinct E, comme il estoit requis.

DEFFINITIONS.

Angle plan est l'inclination de deux lignes l'vne vers l'aure, se touchant en vn plan non directement: & quand les lignes qui contiennent iceluy sont droictes, il se nomme rectiligne : Mais quand l'vne d'icelles lignes tombant sur l'autre faict les angles d'vne part & d'autre égaux, l'vn & l'autre des angles se nomme droict, & la ligne tombante se nomme perpendiculaire, à la ligne sur laquelle elle tombe, & si elle faict vn angle plus grand qu'vn droict, il s'appelle obtus, & celuy qui est plus petit qu'vn droict se nomme aigu.

Superficie, est ce qui a longueur & largeur tant seulement, & les extremitez d'icelle sont ligne ou lignes.

Cercle, est vne figure plane, comprise d'vne seule ligne appellée circonference, au milieu de laquelle figure il y a vn poinct, qui s'appelle le centre du cercle, duquel estant menées des lignes droictes vers la circonference, elles sont toutes égalles entr'elles, & vne ligne droicte passant par ledit centre, & laquelle diuise iceluy cercle en deux égallement, s'appelle diametre du cercle.

Section de cercle, est vne figure contenuë d'vne partie de circonference du cercle, & d'vne ligne droicte, qui s'appelle base de la section.

Et vn angle se dict estre en la section, lors qu'à vn poinct pris en la circonference sont menées deux lignes droictes des deux extremitez de la ligne, qui sert de base à la section, & c'est l'angle compris d'icelles deux lignes.

AXIOME I. Demonstré en la 31. p. 3.

Dans le cercle l'angle qui est au demy cercle est droict, & celuy qui est en la plus grande section est plus petit qu'vn droict; mais celuy qui est en la plus petite, est plus grand qu'vn droict.

PROBLEME II.

Sur vne ligne droicte donnee, & d'vn poinct en icelle,
tirer vne ligne perpendiculaire.

Soit la ligne droicte A B, & le poinct donné en icelle
soit C, duquel il faut leuer
vne perpendiculaire: Soient
pris deux poincts distants é-
gallement de C, comme D
& E, & d'iceux soient descris deux arcs de cercles, s'entrecouppans en F, de laquel-
le intersection soit tirée la ligne F C, qui sera perpendiculaire à ladite ligne A B, ainsi qu'il estoit requis, dont
la demonstration est faicte en la 11. p. 1.

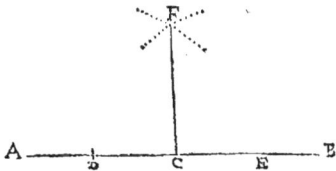

SCHOLIE.

Si le poinct donné estoit à l'extremité de la ligne, il faudroit continuer ladite
ligne, & sur icelle estant continuée faire comme dessus: Ou bien nous prendrons vn
poinct au dessus d'icelle ligne, cõme C; & apres auoir posé le pied
du compas sur ledit poinct C, nous l'ouurirons iusques au poinct
donné B, & descrirons l'arc D B E, puis nous tirerons la ligne
droicte D C E, passant par le centre C; puis du poinct E nous
tirerons E B, qui sera la perpendiculaire demandée: car l'angle D B E, dans le demy cercle est droict par la 31. p. 3. ou axiome 1. & par consequent E B, est perpendiculaire.

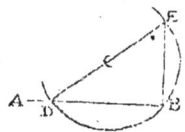

Autrement: du poinct donné B,
& de quelconque interualle B C, moindre que la ligne donnée nous descrirons vn
arc C D E plus grand que le tiers de la circonference de tout le cercle; puis sur iceluy arc soit pris deux interualles C D, D E,
chacun egal au semidiametre B C; & des
poincts D & E soient descris deux arcs
s'entrecouppans au poinct F; duquel soit tirée à B la ligne droicte F B, qui sera perpendiculaire à A B, ainsi que dessus.

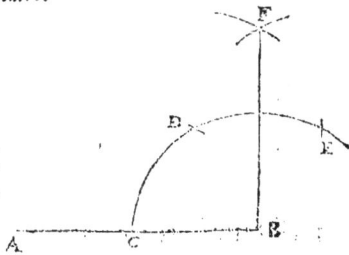

PROBL. III.

Sur vne ligne droicte donnée & interminée, & d'vn poinct hors icelle, mener vne ligne perpendiculaire.

Soit donné la ligne A B, & vn poinct C hors icelle, duquel il faut mener vne per-
pendiculaire à A B. Du poinct
C soit descrit vn arc qui couppe la ligne donnée en D & E,
& d'iceux poincts cóme centres, soient descrits deux arcs
de cercle d'égale estenduë qui
s'entrecouppent au poinct F, duquel poinct & par celuy
doné soit tirée la ligne F C G, laquelle sera perpendiculaire à la ligne A B comme il se deuoit faire, dont la demonstration est faite en la 12. p. 1.

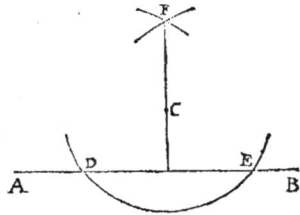

PROBL. IV.

Sur vne ligne droicte donnée, & à vn poinct donné en icelle, faire vn angle égal à vn angle rectiligne donné.

Soit la ligne donnée A B, & le poinct en icelle A, sur le-

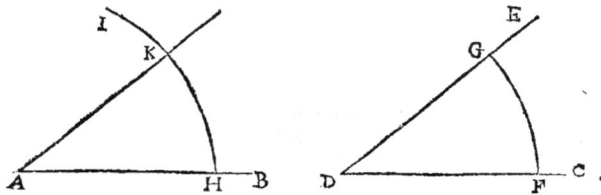

quel il faut faire vn angle rectiligne égal au donné C D E.

Du centre D soit fait l'arc F G, & du mesme interualle du centre A soit aussi descrit l'arc H I, puis soit pris l'ouuerture de l'arc F G, & soit transportée sur l'arc H I; & du poinct A par le poinct I soit tirée la ligne A I, & sera fait l'angle H A I égal au donné C D E comme il estoit requis, dont la demonstration est faite à la 23. p. 1.

SCHOLIE.

L'angle C D E estant donné en nombres il sera facile d'en faire vn égal à iceluy par le moyen du compas de proportion, comme ensuit.

Soit donné la ligne A B sur laquelle il faut faire vn angle de trente-sept degr. du centre A & de quelque interualle, comme A H soit descrit l'arc H I & porté la mesme interualle A H au compas de proportion à l'ouuerture de 60. deg. & estant ledit compas de proportion ainsi ouuert, soit pris l'ouuerture de 37. deg. & porté sur l'arc H I, & icelle se terminant au poinct I soit tirée à iceluy du poinct A la ligne A I, laquelle faict l'angle H A I de 37. deg. ainsi qu'il estoit requis.

Or par cecy il est manifeste qu'estant cognu l'vn des costez d'vn tri. & les deux angles de dessus iceluy l'on descrira facilement iceluy triangle, & par consequent seront aussi cogneus les deux autres costez dudit tri. Car prenant ledit costé cogneu sur le compas de proportion, & descriuant sur chacune extremité d'iceluy costé vn des deux angles cogneus, les lignes faisant iceux ang. estans tirées iusques à ce qu'elles s'entreccuppent l'vne l'autre formeront le tri. dont les deux costez incogneus estans portés sur le compas departies ils serontcogneus: mais il sera enseigné cy apres vn autre moyen plus commode pour cognoistre iceux costez incogneus deux angles & vn costé d'vn tri. estans cognus.

D'auantage s'il estoit requis ouurir le compas de proportion d'vn angle égal au donné C D E, il faudroit ayant fait l'arc F G transporter sur la iambe la distance D F, & notter où elle se terminera, puis prendre la distance F G, & faire que l'ouuerture du nombre où se sera terminé l'interualle D F soit d'icelle distance F G, & lors le compas de prop. sera ouuert de l'angle donné C D E.

Que s'il estoit aussi requis d'ouurir le comp. de prop. de quelque ang. prop. en nombre de deg. il faudroit prendre sur la iambe d'iceluy compas la dist. du centre iusqu'au nombre de deg. de l'angle prop. & faire que l'ouuerture de 60. degrez soit d'icelle distance.

Il est donc manifeste par cecy qu'iceluy comp. estant ouuert, on sçaura facilement de combien de deg. sera ladite ouuerture; car prenant l'ouuerture de 60. deg. & la posant sur l'vne des iambes, sera monstré le nomb. des degrez de ladite ouuerture.

Nous sçaurons aussi estant donné vn angle combien il contient de deg. sçauoir est faisant vn arc sur iceluy angle, puis ayant transferé le demy diam. d'iceluy arc à l'ouuerture de 60. deg. & la grandeur de l'arc sur l'vne & l'autre iambe, nous verrons quelle ouuerture elle sera.

B

Or d'antant que les Sinus sont de tres-grands vsages, nous mettrons icy la maniere de trouuer le Sinus droict d'vn angle donné, le total Sinus estant posé de 200. ce que nous ferons en trois manieres, dont la premiere est qu'il faut ouurir le compas de proportion de l'angle donné, puis soustraire de 180. deg. le double des deg. d'iceluy angle prop. & ce qui restera sera le nombre des degr. sur lequel doit tomber la perpendicul. de 180. deg. de la iambe opposite, & portant icelle perpendiculaire sur la iambe du costé de la ligne droicte on trouuera le nombre d'icelle, qui sera le Sinus requis.

L'autre maniere, est qu'il faut seulement ouurir le compas de proportion de l'angle donné, puis prendre la perpendic. tombant de l'extremité de l'vne des iambes sur l'autre, laquelle sera le Sinus requis.

La troisiéme maniere, est qu'il faut seulement prendre sur la ligne des cordes, ou degrez la grandeur de la corde du double des deg. de l'angle proposé, & la porter sur la ligne droicte pour voir la valeur d'icelle corde.

Mais il est à notter que si l'angle donné estoit obtus il faudroit premierement soustraire iceluy de 180. degrez, afin d'auoir son complement du demy cercle, puis auec iceluy complement pourfuiure comme dit est cy dessus.

Au contraire, le Sinus d'vn angle estant donné, nous trouuerons iceluy angle, prenant le Sinus donné auec le simple compas, sur l'vne des iambes du compas de proportion, & ayant posé l'vne des poinctes d'iceluy simple compas sur 180. deg. du compas de proportion, & ouurant iceluy iusques à ce que l'autre poincte du simple compas tombe perpend. sur l'autre iambe dudit compas de proportion, & alors iceluy compas sera ouuert de l'angle du Sinus donné. Mais beaucoup plus promptement, portant ledit Sinus donné sur la ligne des degrez : Car la moitié du nombre des degrez qui seront trouuez sera la valeur de l'angle requis.

PROBL. V.

Coupper en deux également vn angle rectiligne donné.

Soit donné l'angle rectiligne A B C qu'il faut coupper en deux également: du centre B & de quelque interualle que ce soit, soient couppées les lignes BD, BE égales, puis des poincts D & E comme centres, soient descrits deux arcs se couppant l'vn l'autre en F, & d'icelle intersection par le poinct B soit tirée la ligne B F laquelle couppera l'angle donné en deux ég. comme

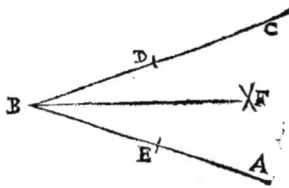

il estoit requis, dont la demonstration est faite à la 9. p. 1.

AXIOME II. *demonstré en la 13. p. 1.*

Vne ligne droicte tombant sur vne autre ligne droicte, fait deux angles droicts, ou bien égaux à deux droicts.

COROLLAIRE.

Il est donc manifeste que l'vn des angles estant cogneu, l'autre ne sera ignoré, car soustrayant les degrez de l'angle cogneu de 180. degrez, resteront les degrez de l'autre angle.

AXIO. III. *demonstré en la 15. p. 1.*

Si deux lignes droictes se couppent l'vne l'autre, elles feront les angles opposés au sommet égaux.

COROLL.

Il est donc manifeste que deux lignes droictes s'entrecouppans l'vne l'autre feront à leur intersection quatre angles droicts ou égaux à quatre droicts, l'vn desquels estant cogneu, l'on aura facilement cognoissance des autres trois : car premierement l'opposé sera égal à iceluy, & le soustrayant de 180. degrez, resteront les degrez de chacun des deux autres.

DEFF.

Les lignes lesquelles estant constituées sur vn mesme plan & prolongées de part & d'autre à l'infiny ne se rencontrent jamais, sont appellées lignes paralleles.

AXIO. IV. *demonstré en la 27. p. 1.*

Si vne ligne droicte tombant sur deux lignes droictes fait les angles opposez alternatiuement ég. icelles lignes seront paralleles.

AXIO. V. *demonstré en la 28. p. 1.*

Si vne ligne droicte tombant sur deux lignes droictes fait l'angle exterieur égal à son opposé interieur du mefme cofté, ou bien les deux interieurs de mefme cofté ég. à deux droicts, icelles lignes feront paralleles.

AXIO. VI. demonftré en la 29. p. 1.

Si vne ligne droicte tombe fur deux lignes paralleles, elle fera les angles oppofez alternatiuement ég. & l'exterieur ég. à fon oppofé interieur du mefme cofté, & les deux interieurs de mefme cofté égaux à deux droicts.

AXIO. VII. demonftré en la 30. p. 1.

Les lignes droictes paralleles à vne mefme ligne droicte, font paralleles entr'elles.

PROBL. VI.

Par vn poinct donné mener vne ligne droicte parallele à vne ligne droicte donnée.

Soit le poinct donné A, duquel il faut mener vne ligne parallele à la dónée BC. Du poinct A foit menée la ligne A B faifant l'angle A B C, puis de A & B comme centres & d'vn mefme interualle foient defcrits les deux arcs D E, F G, lefquels eftans faits égaux foit tirée par les poincts A , G, la ligne AG, qui fera telle qu'il eftoit requis, comme il eft demonftré à la 31. p. 1.

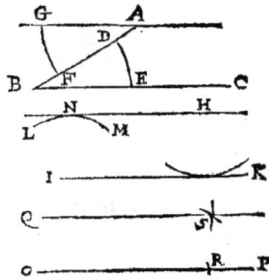

SCHOLIE.

D'autant que la maniere cy deffus n'eft guieres vfitée en la pratique, nous adioufterons deux autres manieres, dont la premiere eft celle dont l'on vfe le plus fouuent en pratiquant.

Soit le poinct H duquel il conuient tirer vne ligne parallele à la donnée K. Du centre H soit fait vn arc qui touche la ligne I K, puis du centre I & du mesme interualle soit fait l'arc LM,& du poinct H soit tirée la ligne H N, qui touche l'arc L M, & icelle ligne H N sera la parallele requise.

Soit encore donnée la ligne O P, à laquelle & du poinct Q il conuient tirer vne autre ligne parallele.

Soit pris en la ligne O P quelque poinct comme R, puis du centre Q & interualle O R soit descrit vn arc, en soit aussi descrit vn autre du centre R, & interualle O Q, lequel couppe le premier au poinct S, & d'icelle intersection & du poinct Q soit menée la ligne Q S, laquelle sera parallele à O P, comme il estoit requis.

DEFF.

Les figures planes rectilignes sont celles contenuës de lignes droictes, & icelles sont triangulaires, quadrangulaires, ou polligones.

Les triangul. sont considerées ou selon leurs costez ou selon leurs angles.

Selon leurs costez, il y a trois sortes de triangles, sçauoir est, équilateral, Isoscelle & Scalene.

Le triangle équilater. est celuy qui a ses trois costez égaux.

L'Isoscelle a deux costez égaux seulement.

Le Scalene est celuy qui a ses trois costez inégaux.

Selon les angles il y a aussi de trois sortes de triangles, sçauoir est rectangle ou orthogone, oxigone & ambligone.

Le triangle rectangle ou orthogone est celuy qui a vn angle droict.

L'oxigone celuy qui a ses trois angles aigus.

Mais l'ambligone est celuy qui a vn angle obtus.

PROBL.   VII.

Sur vne ligne droicte donnée & terminée descrire vn triang. équil.

Soit donné la ligne AB, sur laquelle se doiue descrire vn triang. équilat. des poincts A & B comme centres, & de l'interualle de la ligne A B soient descrits deux arcs qui s'entrecoupent en C; puis des poincts A & B à ladite intersection C, soient menées les lignes A C & BC, & sera fait le triangle A C B équil.

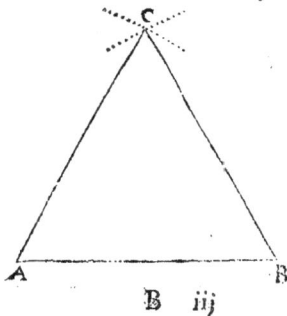

ainſi qu'il eſtoit requis, dont la demonſtration eſt faite à la premiere prop. du premier liure d'Euclide.

PROBL. VIII.

Sur vne ligne droicte donnée & terminée, deſcrire vn triangle Jſoſcelle.

Soit donnée la ligne droicte A B; & il faut deſcrire ſur icelle vn triágle Iſoſcelle : des poincts A & B comme centres, & d'vne interualle plus grande ou moindre que A B, ſoient deſcrits deux arcs qui s'entrecouppent en C; puis des poincts A & B à ladite interſection C ſoient menées les lignes A C & B C, & ſera fait le triangle A C B Iſoſcelle, ainſi qu'il eſtoit requis, dont la demonſtration eſt manifeſte par la deffinition du cercle, & celle du triangle Iſoſcelle.

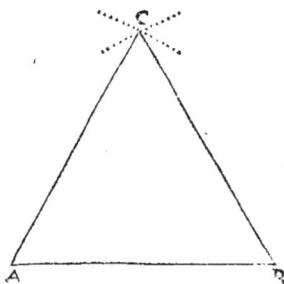

AXIO. VIII. demonſtré en la 5. p. 1.

Les triangles Iſcoſcelles ont les angles ſur la baſe égaux, & les coſtez égaux eſtant continuez, les angles exterieurs ſous la baſe ſont égaux.

AXIO. IX. demonſtré en la 6. p. 1.

Les triangles qui ont les deux angles ſur la baſe ég. ont les deux autres coſtez égaux.

PROBL. IX.

Faire vn triangle de trois lignes droiƈtes égalles à trois autres données, mais il faut que deux d'icelles prifes enfemble, foient plus grandes que l'autre.

Soient trois lignes droiƈtes données A , B , C, deux def-quelles prifes enfemble sõt plus grandes que l'autre, & il faut faire vn triangle d'i-celles ou de trois autres à eux égalles. Soit prife la li-gne droiƈte D E égale à quelconque des données cõme à A, puis apres de D & interualle de la ligne B foit décrit vn arc, pareillement de E & interualle de la ligne C foit defcrit vn autre arc couppant le premier au poinƈt F, puis foient tirées à ladite interfeƈtion les deux lignes D F, E F & fera fait le triangle D E F de trois lignes droiƈtes égalles aux trois premieres données, comme il eftoit requis, dont la demonftration eft faite à la 22 p. 1.

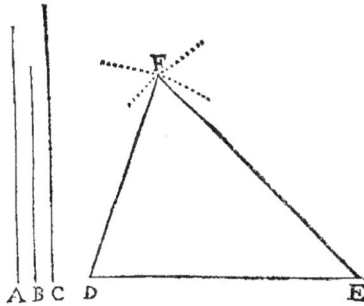

SCHOLIE.

En la mefme maniere que deffus eftant propofé vn triangle, nous conftituerons vn autre triangle qui aura les coftez & les angles égaux au propofé, & partant qui luy fera auffi égal en fuperficie.

Que fi les lignes ou coftez d'vn triangle eftoient données, & que les angles d'iceluy triangle feuffent requis, nous les trouuerons en cette maniere : Il faudra prendre fur l'vne des iambes dudit compas de proportion la bafe du triangle, puis pofer l'v-ne des poinƈtes du fimple compas fur l'vne des iambes, au nombre de l'vn des

coſtez du triangle, & ouurir ledit compas de proport. iuſques à ce que l'autre poincte
du ſimple compas puiſſe tomber ſur le nombre de l'autre coſté, & alors ledit compas de
proportion ſera ouuert d'autant de dégrez que ſera l'angle ſouſtenu de la baſe, & ainſi
faut-il faire pour trouuer les autres angles.

AXIO. X. demonſtré en la 4. p. 1.

Si deux triang. ont deux coſtez égaux à deux coſtez chacun au
ſien, & les angles compris d'iceux coſtez, égaux; ils auront les baſes
égales, & les autres angles auſſi égaux, chacun au ſien, & le triangle ſera égal au triangle.

AXIO. XI. demonſtré en la 8. p. 1.

Si deux triangles ont deux coſtez égaux à deux coſtez, chacun
au ſien, & la baſe égale à la baſe, ils auront auſſi l'angle égal compris d'iceux coſtez égaux.

AXIO. XII. demonſtré en la 24. p. 1.

Si deux triangles ont deux coſtez égaux à deux coſtez, chacun
au ſien, & l'angle d'iceux coſtez plus grand que l'angle, ils auront
la baſe plus grande que la baſe.

AXIO. XIII. demonſtré en la 25. p. 1.

Si deux triangles ont deux coſtez égaux à deux coſtez, chacun au
ſien, & la baſe plus grande que la baſe, ils auront auſſi l'angle compris d'iceux coſtez plus grand que l'angle.

AXIO. XIV. demonſtré en la 26. p. 1.

Si deux triangles ont deux angles égaux à deux angles, chacun
au ſien, & vn coſté égal à vn coſté, ſçauoir ſon correſpondant l'autre
angle, & les autres coſtez ſeront égaux chacun au ſien.

AXIO. XV. demonſtré en la 16. p. 1.

Vn coſté d'vn triangle eſtant prolongé, l'angle exterieur eſt plus
grand

grand que l'vn ou l'autre des oppofez interieurement.

AXIO. XVI. *demonftré en la 17. p. I.*

Tout triangle à deux angles moindres que deux droicts de quelle façon qu'ils foient pris.

AXIO. XVII. *demonftré en la 18. p. I.*

De tout triangle, le plus grand cofté fouftient le plus grand
angle.

AXIO. XVIII. *demonftré en la 19. p. I.*

En tout triangle le plus grand angle eft fouftenu du plus grand
cofté.

AXIO. XIX. *demonftré en la 20. p. I.*

En tout triangle les deux coftez de quelle façon qu'ils foient pris,
font plus grands que le troifiéme.

AXIO. XX. *demonftré en la 21. p. I.*

Si des extrémitez d'vn cofté de quelque triangle, on meine deux
lignes droictes fe rencontrans au dedans; icelles feront plus petites
que les deux autres coftez du triangle, mais elles feront vn plus
grand angle.

AXIO. XXI. *demonftré en la 32. p. I.*

En tout triangle, l'vn des coftez eftant prolongé, l'angle exterieur
eft égal aux deux oppofez interieurs: & de chacun triangle les trois
angles interieurs font égaux à deux droicts.

COROLLAIRE I.

Il s'enfuit donc que de tout triangle, defquels deux angles feront don-

C

nez, le troisiesme sera cogneu : Car la somme des deux angles donnez estant
souftraite de demy cercle, c'est à dire de 180. degrez, restera la valeur du troisiesme angle.

I I.

Il s'enfuit encore qu'estant prolongé l'vn des costez du triangle, & cogneu l'angle exterieur, & l'vn des opposez interieurs ; les deux autres interieurs seront aussi cogneu : car soustrayant de l'exterieur l'opposé interieur
cogneu, restera l'autre opposé : & quant au troisiéme angle, il sera cogneu
par le Coroll. precedent, ou par celuy de la 13. p. 1. qui est l'Axiome 2.

I I I.

Outre ce s'enfuit, que si d'vn triangle rectiligne vn seul angle aigu est dóné, l'autre angle aigu le sera aussi. Et aussi que d'autant que les triangles é-
gaux sont équiangles, que chacun angle sera de 60. degré, qui est le tiers de
deux droicts.

I I I I.

Aussi se peut necessairement inferer que les triangles Isoscelles ayans vn
seul angle cogneu, les deux autres le seront aussi : Car si l'angle cogneu est
l'vn de ceux de dessus la base du triangle, le doublant & ostant ce double de
180. degrez restera l'angle du sommet. Mais si ledit angle cogneu est celuy
du sommet, iceluy estant osté de 180. degrez, restera la somme des deux angles de dessus la base, qui estant partie en deux égallemēt, on aura la somme
d'vn chacun d'iceux angles de dessus la base. Et d'auantage, si auec l'vn des
angles estoit aussi cogneu l'vn des costez, ou bien la base, que tout le reste
sera aussi facilement cogneu auec le compas de proportion : Car si la base
est donnée ; le compas de proportion estant ouuert de l'angle du sommet,
transferant ladite base sur vne ouuerture d'iceluy compas de proportion, on
trouuera aisément les costez : ou bien si les costez sont cognus, le compas de
proportion estant ouuert comme dessus, l'ouuerture de l'extremité d'iceux
costez, donnera la base.

Or en la mesme maniere on aura la base de quelque triangle, dont
deux costez & l'angle qu'ils compreignent seront cogneus.

D E F F.

Les figures ou superficies quadrilateres sont quarré, quarré long ou pa-
rallelogramme rectangle, Rhombe, Rhomboide, trapese trapesoide.

Le quarré est vne superficie plaine de quatre costez égaux, & de quatre
angles droicts.

Le quarré long ou parallelogramme rectangle est ce quadrilatere là qui a
quatre angles droicts ; mais les costez inegaux.

Le Rhombe est celuy là qui a les angles non droicts, & les costez égaux.

Et le Rhomboïde est celuy là qui a les angles & les costez opposites égaux sans estre rectangle ny equilateral.

Or est icy à notter que toutes les quatre figures quadrilateres cy dessus definies, sont appellées parallelogramme ; d'autant qu'elles ont chacunes les costez opposez paralleles. Et estant mené vne ligne droicte de l'vn des angles à l'autre opposé en quelqu'vne d'icelles figures, elle s'appelle diagonalle.

Trapese est vne figure des quatre costez, desquels deux opposez sont égaux, & les deux autres parallels & inégaux.

Et Trapesoïde ou tablette, est toute autre sorte de figure quadrilatere que celles cy dessus, ayant tous les costez & les angles inégaux.

PROBL. X.

Sur vne ligne droicte donnée, descrire vn quarré.

Soit la ligne droicte donnée A B, sur laquelle il faut descrire vn quarré. Au poinct A soit éleuée perpendiculaire A C égale à A B, & des poincts B & C comme centres, & de l'interualle A B, soient faits deux arcs s'entrecoupans au poinct D, & d'iceluy soient tirées D B, D C: & la figure A C D B sera le quarré requis, dont la demonstration est faite à la 46. p. 1.

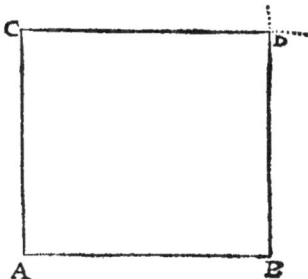

AXIO. xxij. *demonstré en la* 33. p. 1.

Les lignes droictes qui conjoignent deux lignes droictes égales & paralleles, & de mesme costé, sont aussi égales & paralleles.

AXIO. xxiij. *demonstré en la* 34. p. 1.

En tout parallelogramme, les costez & les angles opposez sont égaux,& la diagonale le couppe en deux égallement.

AXIO. xxiiÿ Demonſtré en la 35.p.1.

Les parallelogrammes conſtitués ſur meſme baſe, & entre meſ-
mes paralleles ſont égaux entr'eux.

AXIO. xxv. Demonſtré en la 36.p.1.

Les parallelogrammes conſtitués ſur baſes égales,& entre meſ-
mes paralleles ſont égaux entr'eux.

PROBLEME XI.

Eſtans données deux lignes droiƈtes , & vn angle reƈtiligne,
conſtruire vn parallelogrāme,ayant vn angle égal au don-
né,& les coſtez comprenant iceluy angle égaux aux
lignes droiƈtes données.

Soient données les deux lignes droiƈtes A, B, & l'angle
C,& il faut conſtruire vn parallelogrāme,ayant vn angle
égal au donné C, & les deux
coſtez comprenant iceluy angles égaux aux deux lignes dō-
nées.

Soit pris D E égale à A, puis
ſur l'extremité D ſoit faiƈt l'angle E D F egal au donné C,fai-
ſant D F égale à B,puis du cen-
tre E, & interualle B ſoit faiƈt vn arc de cercle,& auſſi du
centre F, & interualle A vn autre arc de cercle,qui couppe le premier en G , & d'iceluy poinƈt eſtans tirées vers

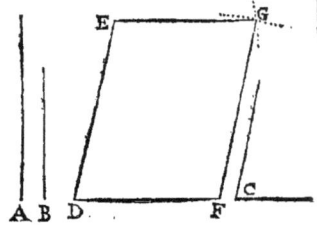

E,F les lignes droictes EG, GF, le quadrilatere DG sera le parallelogramme requis, dont la demonstration est manifesté par la construction, & deffinition des parallelogram.

AXIO. xxvj. demonstré en la 43. p. 1.

En tout parallelogramme, les supplémens qui sont sur le diametre sont égaux entr'eux.

AXIO. xxvij. demonstré eʒ 37. & 38. p. 1.

Les triangles constituez sur mesme base, ou sur ba ses egales, & entre mesmes paralleles, sont égaux entr'eux.

AXIO. xxviij. demonstré en la 39. p.1.

Les triangles égaux constituez sur mesme base, & de mesme part, sont aussi entre mesme paralleles.

AXIO. xxix. demonstré en la 40. p. 1.

Les triangles égaux constituez sur bases égales, & de mesme part, sont aussi entre mesme paralleles.

AXIO. xxx. demonstré en la 41. p. 1.

Si vn parallelogrāme, & vn triangle ont vne mesme base, & sont entre mesme paralleles, le parallelogrāme sera double du triangle.

PROBL. XII.

Faire vn parallelogramme égal à vn triangle donné, & ayant vn angle égal à vn angle rectiligne donné.

Soit le triangle donné A B C, auquel il faut faire vn pa-

C iij

rallelog. égal, & ayant vn
angle égal au donné D. Du
poinct B soit menée la ligne B E, parallele à la base
A C, & si longue qu'il sera

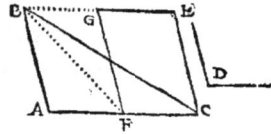

de besoin, puis soit couppée A C en deux égalem. en F, & à
iceluy soit fait l'angle C F G égal au donné D, & estât menée la ligne C E parallele à F G, la figure quadrilatere F E,
sera vn parallelograme égal au triangle donné, & ayant vn
angle égal au donné, comme il estoit requis, dont la demonstration est faite à la 42. p. 1.

SCHOLIE.

*Les costez du parallelograme F E, seront aussi trouuez par le moyen du compas de
proportion: car estant pris la hauteur du triangle A B C, & le compas estant ouuert de
l'angle donné D, s'il estoit aigu, ou du supplément s'il est obtus, d'où tombera ladite
hauteur du triangle donné, ce sera l'extremité du costé F G, & quant à l'autre F C, c'est
la moitié de la base A C.*

PROBL. XIII.

*Faire vn triangle égal à vn parallelogramme donné, & qui ait vn
angle égal à vn angle donné.*

Soit donné le parallelograme A D, & il conuient faire
vn triangle égal à iceluy,
ayant vn angle égal au
donné E. Soient prolon-
gées A B, tellement que
B F soit égale à icelle A B,
& C D tant qu'il sera de
besoin, puis au poinct A,
soit fait l'angle F A G égal

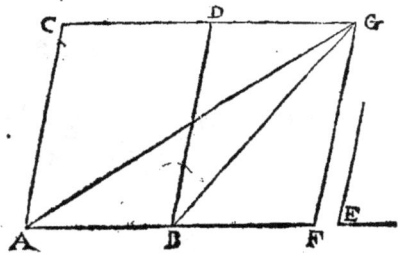

au donné E, tirant A G jufques à ce qu'elle rencontre C D
prolongée, & eſtant joinct F G, le triangle A G F ſera le
requis : Car l'angle A eſt égal au donné E, & eſtant tirée
B G, les triangles A G B, B G F, ſeront égaux par la 38. p. 1.
& partant le total A G F eſt double de A G B : mais par la
41. p. 1. le parallelograme A D, eſt auſſi double d'iceluy
triangle A B G: donc le triangle A G F, & le parallelograme
A D, ſont auſſi égaux entr'eux : ce qu'il falloit faire.

SCHOLIE.

*Les coſtez du triangle ſeront auſſi trouuez auec le compas de proportion, ſçauoir eſt
prenant la hauteur du parallelograme donné, & la portant ſur ledit compas, iceluy
eſtant ouuert de l'angle donné s'il eſt aigu, ou du ſupplément, s'il eſt obtus, & d'où
tombera perpendiculairement ladite hauteur, ce ſera l'vn des coſtez du triangle requis:
le double de A B, ſera le deuxième coſté: & quant à l'autre, il ſera aiſément trouué.*

PROBL. XIV.

*Sur vne ligne droicte donnée, deſcrire vn parallelograme égal à
vn triangle donné, ayant vn angle égal à vn
angle rectiligne donné.*

Soit la ligne droicte donnée A B, ſur laquelle il faut deſcrire vn parallelograme ég.
au triangle donné C, & qui
ait vn angle égal au don-
né D. Soit fait le parallelograme E G, égal au triangle C, & ayant l'angle H E F
égal au donné D ; puis ſoient prolongés les coſtez F G, E H,
juſques en I & k, tellement que G I, H k, ſoient eſgales à la

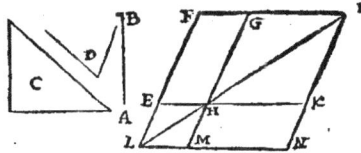

ligne A B ; puis par les poincts I, H, foit menée, I H L ren-
côtrant F E prolongée en L: en apres d'iceluy poinct L, foit
menée L M N égale & parallele à E H K, & foit prolongée G H, jufques en M : & finalement foit menée N K I, & le
parallelograme M K, fera égal au triangle C, fera conftruit
fur H K égale à A B, & aura l'angle M égal au donné D, comme il eft demonftré en la 44. p. I.

SCHOLIE.

Il fera auffi aifé de trouuer le cofté H M auec le compas de proportion : Car eftans
trouuez les deux coftez du parallelograme E G, il ne faudra que trouuer la quatriéme
proportionelle aux trois lignes AB, G H, H E.

PROBL. XV.

Sur vne ligne droicte donnée, conftruire vn triangle égal à vn pa-
rallelogramme donné, & qui ait vn angle égal à vn
angle rectiligne donné.

Soit la ligne droicte donnée A B, fur laquelle il faut defcrire vn triang. ég. au parallelograme
donné D C E, & qui ait vn angle ég.
à l'angle donné F. Soit prolongè C E
jufques en G, tellement que C E & E G,
foient egales, puis eftant tirée D G, le
triangle C D G fera ég. au parallelograme D E, en apres foit
fur A B conftruit le parallelográme B H, égal au triangle
C G D, ayant l'angle A égal à l'angle F, puis A H eftant prolongé jufques en L, & fait H L égale à A H, foit tirée B L : &
le triangle A B L, fera tel qu'il eftoit requis. Car la 41. p. I.

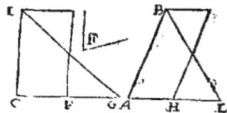

ou axiome 30. iceluy triangle A B I, eſt égal au parallelogramme B H, veu qu'ils ſont entre meſme paralleles &
que la baſe du triangle eſt double de la baſe du parallelogramme: mais iceluy parallelogramme B H, par la conſtruction eſt égal au triangle C D G, & iceluy triangle C
D G égal au parallelogramme D E, par le ſuſdit 30. axiome:
donc le triangle A B I, ſera auſſi égal à iceluy parallelogr.
C E, & a l'angle A égal au donné F. Ce qu'il falloit faire.

SCHOLIE.

*Eſtans bien entenduës les choſes dites és Scholies precedents, il ſera aiſé de trouuer
auec le compas de proportion, les coſtez du triangle A B I.*

DEFFINITIONS.

*Partie eſt vne grandeur plus petite tirée d'vne plus grande, lors que ia
plus petite meſure la plus grande.*

*Multiplice eſt vne grandeur plus grande qu'vne plus petite, quand la plus
grande eſt meſurée de la plus petite.*

*Raiſon eſt vne habitude de deux grandeurs de meſme genre, comparées
l'vne à l'autre ſelon la quantité.*

*Les grandeurs ſont dictes auoir raiſon l'vne à l'autre, leſquelles eſtans mul-
tipliées, ſe peuuent exceder l'vne l'autre.*

*Les grandeurs ſont dictes eſtre en meſme raiſon, & la premiere eſtre à la
deuxième, comme la troiſième à la quatrième, quand les equemultiplices
de la premiere & troiſième excedent, ſont égales ou defaillent enſemble
aux equemultiplices de la deuxième & quatrième en quelque multiplication
que ce ſoit.*

Proportion eſt vne ſimilitude de raiſons.

Les grandeurs qui ſont en meſme raiſon, ſont appellées proportionelles.

PROBL. XVI.

*Eſtans don nées deux lignes droictes, trouuer vne troiſieſme
proportionelle à icelles.*

Soient données les lignes droictes A B & D, auſquelles il
D

faut trouuer vne troisiéme proportionelle: soit prolongée
A B jusques en C, tellement que
B C soit égale à D, puis soit tirée
A E tant grande qu'il sera de besoin , & d'icelle soit prise A F,
aussi égale à D, & apres auoir mené B F, du poinct C, soit menée
C E parallele à B F, & la ligne F E
sera la troisiéme proportionelle
requise, dont la demonstration est faite à la 11. p. 6.

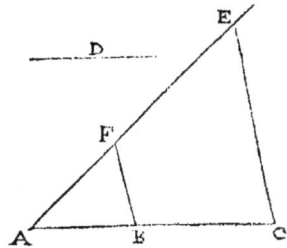

SCHOLIE.

Le mesme se fera aussi auec le compas de proportion en cette sorte.

Soit pris auec le simple compas la premiere ligne A B, & soit transferée sur l'vne des iambes du compas de proportion, & trouuant qu'elle se termine au nombre 60, ie fais l'ouuerture d'icelluy nombre telle qu'est la deuxième ligne D, puis ie transfere icelle ligne Danst sur la iambe dudit compas de proportion, & icelle se terminant au nombre 75, ie prend l'ouuerture d'iceluy nombre, laquelle me donne la troisiéme propor-tionelle requise.

PROBL. XVII.

Estans données trois lignes droictes, en trouuer vne quatriéme pro-portionelle à icelles.

Soient données les lignes droictes A C, C B, D : & il en
faut trouuer vne quatriéme pro-
portionelle à icelles: soient posées
A C, B C directement, puis soit
tirée A E, faisant angle auec A B
& si longue qu'il sera de besoin,
& d'icelle soit pris A F égale à D;
& ayant conjoint C F, du poinct
B, soit menée B G parallele à C F;

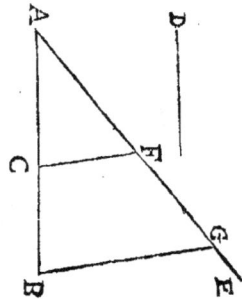

& F G fera la quatriéme ligne proportionelle requife, côme il eft demonftré en la 12. p. 6.

SCHOLIE.

*Nous ferons auffi la mefme opération auec le compas de proportion, en cette maniere:
Soit prife auec le fimple compas la premiere ligne A C, & foit transferée fur l'vne des
iambes du compas de proportion, & trouuant qu'elle fe termine au nombre 60, nous ferons l'ouuerture d'iceluy nombre telle qu'eft la feconde ligne B C, puis nous tranfporte-
rons pareillement fur ladite iambe du compas de proportion la troifiéme ligne D, &
trouuant qu'elle fe termine au nombre 70, prenant l'ouuerture d'iceluy nombre, nous
aurons F G proportionnelle requife.*

*Or eftans donnés trois nombres, nous en trouuerons en la mefme maniere que deffus vn
quatriéme propotionnel à iceux, & à quatre vn cinquiéme, & ainfi confequem.tant qu'on
en voudra: Car eftant mis le deuxiéme nombre à l'ouuerture du premier, l'ouuerture du
troifiéme donnera le quatriéme protortionnel: & derechef fi on prend l'ouuerture du quatriéme, on aura le cinquiéme, & ainfi confequemment.*

AXIO. xxxj. demonftré en la 17. p. 6.

Si trois lignes font proportionelles, le rectangle des extremes
fera égal au quarré de la moyenne: & fi le rectangle des extremes eft
égal au quarré de la moyenne, les trois lignes feront proportionnelles.

AXIO. xxxij. demonftré en la 6. p. 6.

Si quatre lignes font proportionnelles, le rectangle des extremes fera égal au rectangle des moyennes: & fi le rectangle des extremes eft égal à celuy des moyennes, les quatre lignes font proportionnelles.

PROBL. XVIII.

Trouuer le centre d'vn cercle donné.

Soit le cercle donné A C B, le centre duquel il faut
trouuer.

D ij

Soit tirée la ligne droicte AC, & soit
icelle couppée en deux égalemét, &
à droicts angles par la ligne B D , laquelle si on couppe en deux également, on aura le centre au poinct
d'intersection E , ainsi qu'il est demonstré en la 1. p. 3.

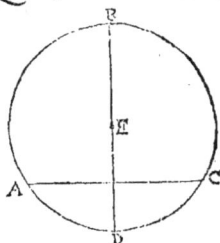

COROLLAIRE.

Il est manifeste que si en vn cercle, vne ligne droicte diuise également
& à angles droicts vne autre ligne droicte, qu'en la ligne diuisante est le
centre du cercle.

AXIO. xxxiij demonstré en la 3. p. 3.

Si dans le cercle quelque ligne droicte passe par le centre &, couppe en deux également vne autre ligne droicte ne passant point par
le centre, elle la couppera à droicts angles : & si à droicts angles, aussi en deux également.

AXIO. xxxiiij. demonstré en la 4. p. 3.

Si dans le cercle deux lignes droictes ne passant point par le centre s'entrecouppent, elles ne se coupperont point l'vne l'autre en
deux également.

AXIO. xxxv. demonstré en la 5. p. 3.

Si deux cercles se couppent l'vn l'autre, ils n'auront pas vn mesme
centre.

SCHOLIE.

Nous demonstrerons icy le Theoreme suiuant.

Si deux cercles se couppent mutuellement, & du poinct
de la section, on mene vne ligne droicte par le centre de

l'vn des cercles, elle ne paſſera pas par le centre de l'autre cercle.

Soient les deux cercles BC & BDE s'entrecouppans en B & D, & le centre du cercle BC ſoit A, par lequel de l'interſection B ſoit menée la ligne BACE, couppant le cercle BDE en E. Ie dis qu'icelle ligne ne paſſe point par le centre du cercle BDE: Car eſtans ioinctes les lignes BD, CD, ED, l'angle BDC eſt droict par la 31. p. 3. parquoy l'angle BDE ne ſera droict, ains plus grand ou moindre qu'vn droict. Donc la ligne droicte BACE n'eſt pas diametre du cercle BDE, & partant ne paſſe par le centre d'iceluy. Ce qu'il falloit demonſtrer.

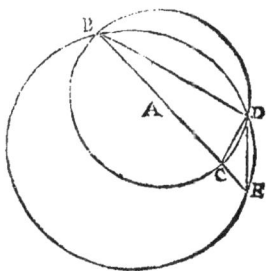

Nous demonſtrerons encores ce Theoreme.

Si deux cercles s'entrecouppent, & du poinct de la ſection on mene vne ligne droicte couppant l'vn & l'autre cercle, les ſegmens d'iceux cercles ne ſeront ſemblables.

Or nous appellons ſemblables ſegmens de cercle, ceux deſquels les angles ſont égaux.
Soient donc les deux cercles ABC, ABD s'entrecouppans en A & B, & ſoit tirée de la ſection A, la ligne ADC couppant le cercle ABC, és poincts A & C, & le cercle ABD en A & D. Ie dis que les ſegmens ABC, ABD, ne ſont point ſemblables: Car ou la lig. droicte ADC paſſe par le centre de l'vn des cercles ou non. Qu'elle paſſe donc premierement par l'vn des centres E, qui eſt centre du cercle ABD, elle ne paſſera donc point par le centre de l'autre cercle ABC, par le precedent Theoreme: parquoy AD ſera diametre du cercle ABD, mais AC ne ſera diametre de l'autre cercle ABC, & partant les ſegmens ABD, ABC ne ſeront ſemblables.

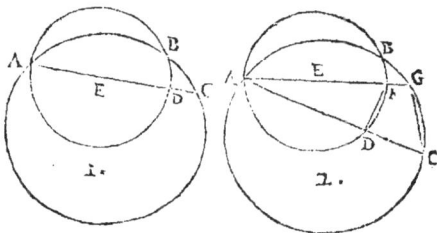

1.   2.

Secondement, que la ligne ADC ne paſſe point par le centre d'aucun d'iceux cercles. Soit tirée par E centre du cercle ABD, la ligne AEFG, couppant ledit cercle en F: donc AF ſera diametre d'iceluy, & eſtans ioinctes DF & CG, l'angle ADF ſera

D iij

droict par la 31. p. 3. mais d'autant que A G n'est diametre du cercle A B C, l'angle
A C G ne sera pas droict : donc plus grand ou moindre que l'angle droict A D F, &
partant les angles A F D, A G C és segmens de cercle A B D, A B C : seront inégaux,
veu que l'angle A est commun aux deux triangles AFD, AGC : donc les segmens ABD,
A B C, ne seront semblables : ce qu'il falloit demonstrer.

D E F E.

Les cercles sont dits se toucher l'vn l'autre, quand en se touchant ils ne
se couppent point.

AXIO. xxxvj. demonstré en la 6. p. 3.

Si deux cercles se touchent l'vn l'autre, ils n'auront pas mesme
centre.

AXIO. xxxvij. demonstré en la 7. p. 3.

Si au diametre du cercle se prend quelque poinct qui ne soit pas
le centre, & d'iceluy poinct tombent quelques lignes droictes en la
circonference ; la plus grande sera celle en laquelle est le centre, &
la plus petite est celle qui reste : mais des autres, tousiours la plus
proche de celle qui est menee par le centre, est plus grande que la
plus esloignee : & deux lignes droictes tant seulement venant d'iceluy poinct de part & d'autre du diametre sont esgales.

AXIO. xxxviij. demonstré en la 8. p. 3.

Si on prend quelque poinct hors le cercle, & d'iceluy soient menees quelques lignes droictes dans la circonference, desquelles l'v-
ne passe par le centre, & les autres où l'on voudra, celle qui passe par
le centre sera la plus grande de toutes celles qui serôt menees dans
la circonf. concaue. Quant aux autres, tousiours la plus proche de
celle qui passe par le centre est plus grande que la plus esloignee.
Mais de celles qui passent par la circonference conuexe, la plus petite est celle qui est comprise entre le poinct & le diametre. Quant
aux autres, la plus esloignee est plus grande que la plus proche de la
plus petite ; & n'y a que deux lignes droictes qui puissent tomber esgales de part & d'autre de la plus petite.

AXIO. xxxix. demonſtré en la 9. p. 3.

Si on prend quelque poinct au cercle, & d'iceluy poinct vers la circonferēce tombent plus de deux lignes droictes égales, le poinct pris eſt le centre du cercle.

AXIO. xxxx. demonſtré en la 10. p. 3.

Vn cercle ne couppe pas vn autre cercle en plus de deux poincts.

AXIO. xxxxj. demonſtré en la 11. p. 3.

Si deux cercles ſe touchent l'vn l'autre au dedans, la ligne droicte menée par les deux centres paſſera par l'attouchement des cercles.

AXIO. xxxxij. demonſtré en la 12. p. 3.

Si deux cercles ſe touchent l'vn l'autre au dehors, la ligne menée d'vn centre à l'autre, paſſera par l'attouchement.

AXIO. xxxxiij. demonſtré en la 13. p. 3.

Vn cercle ne touche pas vn autre cercle à plus d'vn poinct, tant dehors que dedans.

SCHOLIE.

Nous demonſtrerons icy apres Clauius, le ſuiuant Theoreme.

Si on prend au demy diametre d'vn cercle prolongé vn poinct par delà le centre, & d'iceluy poinct comme centre, on deſcrit vn cercle par le poinct extreme du ſemidiametre, il touchera le premier cercle au ſuſdit poinct extreme du demy diametre, & tombera tout dehors le meſme premier cercle.

Soit le cercle *ABC*, le centre duquel est *D*, & au demy diametre *AD* prolongé, soit pris le point *E*, duquel & de l'interualle *EA*, soit descrit le cercle *AF*. Ie dis qu'iceluy cercle *AF* touche le cercle *ABC* au seul point *A*. Or le point *E* est dedans, ou dehors le cercle *ABC*. S'il est dedans, d'autant que *AE* est plus grand que *AD*, c'est à dire que *DC*, & à plus forte raison que *EC*, pareillement *EF*, qui est égale à *AE*, est plus grande que *EC*: & partant le point *F* sera hors le cercle *ABC*, & le cercle *AF* hors le mesme cercle *ABC*. Que si on prend le point *E* hors le cercle *ABC*, il est euident que le point *F* sera encores hors le mesme cercle *ABC*, & tout le cercle *AF* sera hors le cercle *ABC*, & le touchera au seul point *A*: autrement qu'il le touche ou couppe s'il est possible en vn autre point *B*, & soit tirée la ligne *DB*. Donc puis qu'au diametre du cercle *AF* est pris le point *D*, hors le centre *E*; *DA* sera la plus petite de toutes les lignes droictes tombant de *D* à la circonference par la 7. p. 3. ou Axiome 37. donc *DA* est moindre que *DB*: ce qui est absurde. Car *DA*, *DB* sont égales, veu qu'elles tombent du centre *D* à la circonference d'vn mesme cercle *ABC*. Donc le cercle *AF* ne touche ny couppe le cercle *ABC* en autre point que *A*, ce qu'il falloit demonstrer.

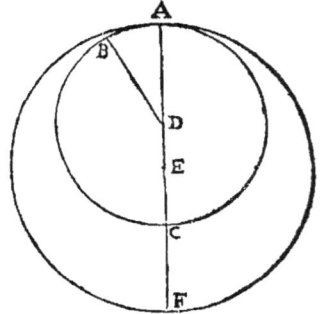

Que si au demy diametre non prolongé, on prend vn point hors le centre, le cercle descrit d'iceluy point comme centre, par le point extreme du semidiametre touchera aussi le premier cercle au susdit point extreme, & tombera tout dedans le mesme premier cercle: comme si au semidia. *AE* du cercle *AF*, on prend le point *D*, & d'icluy on descrit de l'intern. *DA* le cercle *ABC*, iceluy tombera tout dedans celuy là, & le touchera au seul point *A*: car puis qu'il a esté demonstré cy dessus, que tout le cercle *AF* tombe hors le cercle *ABC*, pareillement tout cestuy-cy tombe dedans celuy là; tellement qu'ils se touchent mutuellement au seul point *A*.

DEFF.

Les lignes droictes sont dictes estre également distantes du centre, lors que les perpendiculaires tirées du centre sur icelles sont égales, mais celle est plus esloignée du centre sur laquelle tombe la plus grande perpendiculaire.

AXIOME xxxxiiij. demonstré en la 14. p.3.

Dans vn cercle, les lignes droictes égales sont également distantes du centre: & les également distantes du centre, sont égales entr'elles.

AXIO.

Dans le cercle, la plus grande ligne est le diametre : quant aux autres, tousiours la plus proche du centre est plus grande que la plus esloignée.

AXIO. xxxxvj. Demonstré en la 16. p. 3.

Si à l'extremité du diametre d'vn cercle on léve vne ligne perpendiculaire, icelle tombera dehors le cercle, & entre icelle perpendiculaire & la circonference ne tombera pas vne autre ligne droicte : & l'angle du demy cercle est plus grand que tout angle rectiligne aigu, & celuy qui reste plus petit.

COROLLAIRE.

Il est manifeste par cecy, qu'vne ligne droicte tirée perpendiculairement sur l'extremité du diametre du cercle touche iceluy cercle.

Parquoy estant requis de tirer vne ligne droicte par le poinct A en la circonference du cercle A B, qui touche le cercle en A, nous tirerons de A au centre C la ligne droicte A C, & tirerons perpendiculairement à icelle la ligne D A E, & icelle touchera le cercle A B en A, côme il a esté demonstré en la proposition.

Il est aussi manifeste que deux cercles ayans leurs deux centres en vne ligne droicte, & descris par vn mesme poinct, se touchent mutuellement en dehors : Car les cercles A B & A G ayans leurs centres C & F en la lig. droicte C A F, & descris tous deux par le poinct A, tirant perpendiculairement par le poinct A, la ligne D A E, elle touchera le cercle A B en A, & aussi le cercle A G au mesme poinct A, extremité de l'vn & l'autre diametre d'iceux cercles : donc iceux cercles se touchent mutuellement en A.

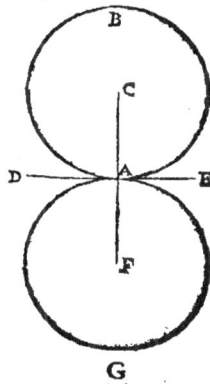

PROBL. XIX.

D'vn poinct donné mener vne ligne droicte qui touche vn cercle donné.

Soit donné le poinct A hors du cercle B C le centre du

quel eſt D,& il faut mener de A vne
ligne droiĉte qui touche iceluy cercle donné. Soit tirée A D couppant
le cercle donné en B, puis du centre
D & interualle D A, ſoit deſcrit le
cercle A E F, & de B ſoit tirée perpendiculairement B E ſur A D, &
eſtant tirée E D couppant le cercle
B C en C, ſoit menée A C, laquelle
ſera la ligne requiſe.   Comme il eſt
demonſtré en la 17. p. 3.

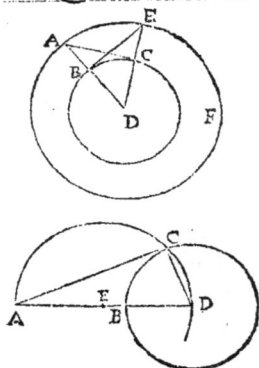

AVTREMENT.

Ayant mené la ligne A D, ſoit couppé icelle en deux eſ-
galement en E, & de E comme centre, & de l'interualle E A
ou E D, ſoit deſcrit le demy cercle A C D, couppant le cercle donné en C, & à iceluy eſtant mené de A la ligne A C,
elle touchera le cercle B C en C: car eſtant tirée C D, l'angle A C D au demy cercle eſt droiĉt par la 31. p. 3. ou Axiome 1. & parât par le Corollaire de la 16. p. 3. ou Axiome 46.
la lig. A C touchera le cercle B C en C. Ce qu'il falloit faire.

AXIO. xxxxvij. Demonſtré en la 18. p. 3.

Si vne ligne droiĉte touche vn cercle, & du centre à l'attouchement, on mene vne ligne droiĉte, elle ſera perpendiculaire à la touchante.

AXIO. xxxxviij. demonſtré en la 19. p. 3.

Si vne ligne droiĉte touche vn cercle, & au poinĉt de l'attouchement eſt levée vne perpendiculaire, icelle paſſera le centre du cerc.

AXIO. xxxix. demonſtré en la 20. p. 3.

Dans le cercle, l'angle du centre eſt double de l'angle de la cir-conference, quant iceux angles ont vne meſme circonference pour baſe.

AXIO. L. demonſtré en la 21. p. 3.

Dans le cercle, les angles qui s'appuyent ſur vne meſme ſection ſont égaux entr'eux.

AXIO. LI. demonſtré en la 22. p. 3.

Les figures de quatre coſtez inſcrites au cercle, ont les angles op-poſez égaux à deux angles droicts.

AXIO. LII. demonſtré en la 23. p. 3.

Deux ſections de cercles ſemblables, & inégales ne ſe mettront pas deſſus vne meſme ligne droicte, & de meſme part.

AXIO. LIII. demonſtré en la 24. p. 3.

Semblables ſections de cercles eſtans conſtituées ſur lignes droi-ctes égales, ſont égales entr'elles.

PROBLEME XX.

La ſection d'vn cercle eſtant donnée, deſcrire le cercle duquel elle eſt ſection.

Soit donnée la ſection de cercle A B C, de laquelle il faut trouuer le centre pour acheuer le cercle d'icelle ſe-ction. Soient pris en icelle ſection les trois poincts A, B,

E ij

C,& des deux poinɑts A & B, ſoient, faits
les deux arcs s'entrecouppans és poinɑts
D, F, & par icelles interſeɑtions, ſoit menée la ligne droiɑte D E, puis des poinɑts
B & C, ſoient auſſi faits deux autres arcs
qui s'entrecouppét aux poinɑts G, & H, & par iceux poinɑts
menée la ligne droiɑte G H, qui couppera D E en E, &
iceluy poinɑt ſera le centre du cercle requis, comme il eſt
demonſtré en la 25. p. 3.

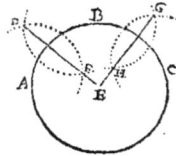

COROLL.

Par cecy il eſt euident comme ſe doit deſcrire la circonference d'vn cercle paſſant par trois poinɑts donnez, qui ne ſoient en ligne droiɑte.

DEFF.

*Cercles égaux, ſont ceux deſquels les diametres ſont égaux, ou deſquels
les lignes menées du centre à la circonference ſont égales.*

AXIO. LIV. *demonſtré en la 26. p.3.*

Dedans cercles égaux, les angles égaux tant aux centres qu'aux
circonferences, ont pour baſes circonferences égales.

AXIO. LV. *demonſtré en la 27. p. 3.*

Dedans cercles égaux, les angles ſont égaux qui ont pour baſes
circonferences égales, ſoit au centre ou en la circonference.

AXIO. LVI. *demonſtré en la 28. p. 3.*

Dedans cercles égaux, les lignes droiɑtes égales couppent circonferences égales, ſçauoir la plus grande, à la plus grande, & la plus petite, à la plus petite.

AXIO. LVII. demonſtré en la 29. p. 3.

Dedans cercles égaux, les circonferences égales comprennent lignes droictes égales.

DEFF.

Secteur de cercle eſt vne figure de deux lignes droictes embraſſant quelque circonference, & faiſant angle au centre du cercle.

AXIO. LVIII. demonſtré en la 33. p. 6.

Aux cercles égaux, les angles tant au centre qu'en ſa circonference ſont entr'eux comme les circonferences qui les ſouſtiennent: les ſecteurs ſont auſſi de meſme.

COROLL.

De cecy il s'enſuit, que le ſecteur eſt au ſecteur comme l'angle eſt à l'ang. Et auſſi que comme l'angle du centre eſt à quatre angles droicts, ainſi eſt l'arc ſubtendant iceluy angle à toute la circoference. Et au coutraire, comme quatre angles droicts ſont à l'angle du centre, ainſi eſt toute la circonference à l'arc ſubtendant iceluy angle du centre.

PROBL. XXI.

Coupper vne partie de circonference en deux également.

Soit donné l'arc A E B, qu'il faut coupper en deux également: des deux poincts A & B, ſoient deſcris deux arcs de cercles s'entrecouppans aux poincts D, C, & par icelles interſections ſoit menée la ligne droicte C D, laquelle couppera l'arc donné en deux également au poinct E, dont la demonſtration eſt faicte en la trentiéme propoſition du 3.

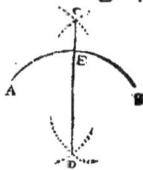

AXIO. *LIX. demonstré en la* 32. *p.* 3.

Si quelque ligne droicte touche le cercle, & de l'attouchement
on mene quelque ligne droicte couppant le cercle, les angles qu'elle fait à la touchante, sont égaux à ceux qui sont alternatiuement
aux sections du cercle.

PROBL. *XXII.*

D'vn cercle donné, oster vne section capable d' vn angle égal
à vn angle rectiligne donné.

Soit le cercle donné A B C, duquel il faut coupper vne
section capable d'vn angle égal au donné
D : soit menée la ligne droicte E F touchant
le cercle donné en A, & à iceluy poinct soit
fait l'angle F A C égal à l'angle donné D, &
la section A B C sera capable d'vn angle égal au donné D.
Comme il est demonstré en la 3 4. p.3.

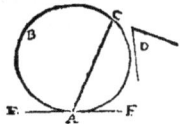

PROBL. *XXIII.*

Sur vne ligne droicte donnée, descrire la section d'vn cercle capa-
ble d'vn angle égal à vn angle rectiligne donné.

Soit la ligne droicte donnée A B, sur laquelle il faut descrire vne section de cercle
capable d'vn angle égal à
l'angle donné C. Sur la ligne donnée & au poinct A,
soit fait l'angle B A D égal
au donné C, & du mesme
poinct A, soit levée perpen-

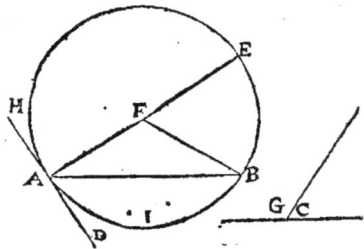

diculairement A E, puis au poinct B, soit fait l'angle A B F
égal à l'angle E A B, & F sera le centre, duquel & de l'interu·
F A, si on descrit la section A E B sur la ligne A B, icelle sera capable de l'angle donné C, comme il est dem. en la 33. p. 3.

Que si l'angle donné eust esté obtus comme G, il eust
fallu construire l'angle B A H égal à iceluy, & chercher le
centre F comme dessus, duquel & de l'interualle F A, si on
descrit la section A I B, elle sera capable de l'angle G.

Que si l'angle donné estoit droict, ne faudroit que descrire vn demy cercle sur la ligne donnée.

SCHOLIE.

Que si l'angle estoit donné par nombre, il seroit facile de trouuer le demy diametre
A F, auec le compas de proportion, comme est dit au quatriéme Corollaire du vingt &
vniéme Axiome, & par consequent le centre F pour descrire le cercle A F B. Car alors
les trois angles du triangle A F B seroient cognues, & la base A B donnée.

AXIO. LX. *demonstré en la 35. p. 3.*

Si dans vn cercle, deux lignes droictes s'entrecouppent, le rectangle des deux pieces de l'vne, est égal au rectangle des deux pieces
de l'autre.

AXIO. LXI. *demonstré en la 36. p. 3.*

Si dehors le cercle on prend quelque poinct, & d'iceluy vers le
cercle tombent deux lignes droictes, l'vne desquelles couppe le
cercle, & l'autre le touche, le rectangle de toute la couppante & de
la partie prise dehors entre le poinct & la circonference conuexe,
est égal au quarré de la touchante.

COROLL. I.

Il est manifeste, que si de quelque poinct pris hors le cercle, on mene plusieurs lignes droictes couppans le cercle, les rectangles compris sous toutes
les lignes & les parties exterieures, sont égaux entr'eux.

II.

Il est aussi euident que deux lignes droictes tirées d'vn mesme poinct, lesquelles touchent vn cercle, sont égales entr'elles.

III.

Pareillement il appert que d'vn mesme poinct pris hors le cercle, on peut seulement mener deux lignes droictes qui touchent le cercle.

IIII.

Finalement est manifeste que si de quelque poinct tombent en la circonference conuexe deux lignes droictes égales, & l'vne d'icelles touche le cercle, pareillement l'autre le touchera.

AXIO. LXII. *demonstré en la 37. p. 3.*

Si dehors le cercle on prend quelque poinct, & d'iceluy poinct tombent deux lignes droictes vers iceluy cercle, l'vne desquelles couppe le cercle, & l'autre tombe aupres; si le rectangle de toute la couppante & de la partie prise entre le poinct & la circonference conuexe, est égal au quarré de celle qui tombe aupres; icelle tombante touchera le cercle.

DEFF.

Vne ligne droicte se dit estre accommodée au cercle, quant les extremitez d'icelle sont en la circonference.

PROBL. XXIV.

En vn cercle donné, accommoder vne ligne droicte égale à vne ligne droicte donnée, qui ne soit pas plus grande que le diametre du cercle, & parallele à vne autre ligne droicte donnée.

Soit le cercle donné A B C, le centre duquel est D, auquel il faut accómoder vne ligne droicte égale à la ligne droicte donnée E F, qui n'est pas plus grande que le diametre du cercle, &

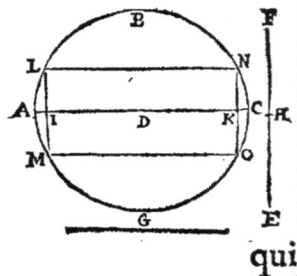

qui

qui foit parallele à la ligne droicte G. Soit tiré par le
centre D le diametre A D C parallel à G. Que fi E F
eft égale au diametre A G, fera fait ce qui eftoit requis:
mais fi elle n'eft égale à iceluy diametre, foit icelle couppée
en deux également en H, & foit couppée D I égale à E H,
& D K égale à H F, afin que la toute I k foit égale à la toute E F, & par I & k foient tirées à angles droicts L M, NO,
& foit joint M O: & icelle M o fera égale à E F, & parallele à
G. Car puis que L M, N o font également diftantes du centre, elles feront égales entr'elles par la 14. p. 3. ou Axiome
44. & par la 3. p. 3. ou Axiome 33. elles feront diuifées en
deux également en I & k, eftans couppées à angles droicts
par le diametre A C, & partant I M, k o font égales: &
pource qu'elles font auffi paralleles par la 28. p. 1. ou Axiome 5, pareillement I k, M o feront égales & paralleles par la
33. p. 1. ou Axiome 22. parquoy veu que I k eft égale à E F, &
parallele à G, auffi M o fera égale à icelle E F, & parallele à
G par la 30. p. 1. ou Axiome 7. Par mefme raifon fi on tire
L N, elle fera égale à E F & parallele à G. Ce qu'il falloit faire.

DEFF.

*Vne figure rectiligne fe dit eftre infcrite au cercle, quand vn chacun angle de
la figure infcrite touche la circonference du cerle.*

PROBL. XXV.

*Dans vn cercle donné, infcrire vn triangle equiangle
à vn triangle donné.*

Soit le cercle donné A B C, dans lequel il faut faire vn

triangle equiangle au triangle donné D E F. Soit meneé la ligne G H touchant le cercle au poinct A , auquel poinct foient faits les deux angles G A B égal à D, & H A C égal à F, puis foit menée la ligne B C : & le triangle A B C defcrit dans le cercle fera equiangle au triangle donné D E F, comme il eſt demonſtré en la 2. p. 4.

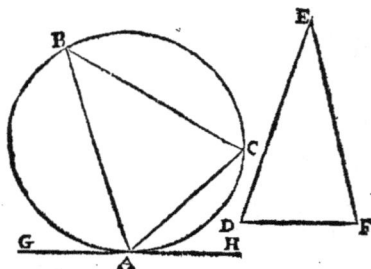

D E F F.

Le cercle fe dit eſtre infcrit en vne figure rectiligne, quand la circonfe-rence du cercle touche vn chacun coſté de la figure en laquelle il eſt infcrit.

P R O B L. XXVI.

Dans vn triangle donné, infcrire vn cercle.

Soit le triangle donné ABC, dans lequel il faut infcrire vn cercle. Soient couppés en deux également les angles A & C par les lignes A D , C D ſ'entre-couppans en D , & d'iceluy poinct D foit menée D E perpen-diculaire à A C , puis du mefme poinct D & interualle D E, foit defcrit le cercle E F G, lequel touchera les trois coſtez du triangle donné, & partant ſe-ra le cercle requis, dont la demonſtration eſt faite en la 4. propoſition du 4.

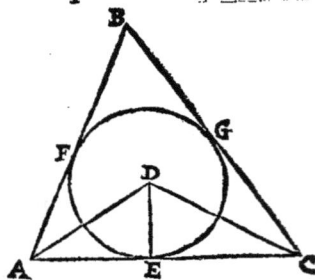

SCHOLIE.

En la mesme maniere on descrira vn cercle qui touchera trois lignes droictes données non paralleles, d'autant que si elles ne se touchent, elles le feront estans continuées, & partant formeront vn triangle.

DEFF.

Vne figure rectiligne se dit estre descrite à l'entour d'vn cercle, quand vn chacun des costez d'icelle touche la circonference du cercle.

PROBL. *XXVII.*

A l'entour d'vn cercle donné, descrire vn triangle equiangle à vn triangle donné.

Soit le triangle donné D E F, & le cercle A B C, le centre duquel est D, & il faut descrire à l'entour d'iceluy cercle vn triangle equiangle au donné. Soit prolongé D F l'vn des costez du triangle don-
né de part & d'autre, jusques en G, H, & du
centre D soit menée A D, sur laquelle &
au poinct D soient construits les deux angles A D B égal à l'angle E D G, & A D C
égal à l'angle E F H, puis soient menées les
trois lignes I k, K L, L I perpendiculairement aux trois
A D, C D, B D, lesquelles se rencontreront aux trois poincts
I, k, L, & feront vn triangle à l'entour du cercle doné, equiangle au triangle donné D E F, comme il est demonstré en
la 3. proposition du 4.

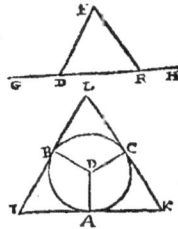

PROBL. *XXVIII.*

A l'entour d'vn triangle donné, descrire vn cercle.

Soit le triangle donné A B C, à l'entour duquel il faut

deſcrire vn cercle. Soiēt couppez en deux égalem. les deux
coſtez AB, A C, & à angles droicts, par les
lignes D F, F E ſe rencontrans au poinct
F, & d'iceluy poinct comme centre, & de
l'interuale F A, ſoit deſcrit le cercle ABC,
& iceluy ſera le cercle requis, comme il
eſt demonſtré en la 5. p. 4.

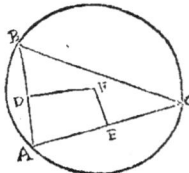

PROBL. *XXIX.*

Dans vn cercle donné deſcrire vn quarré.

Soit donné le cercle A B C D, dans lequel il faut deſcrire vn quarré. Soient menées les dia-
metres A C, & B D ſe couppans au centre E à angles droicts, puis ſoient menées les quatre lignes droictes A B, BC,
C D, D A, leſquels feront le quarré requis, comme il eſt demonſtré en la ſixié-
me propoſition du 4.

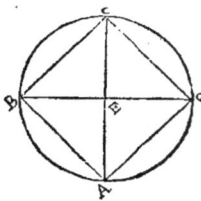

SCHOLIE.

*Il eſt euident qu'eſtant donné le diametre du cercle, ou bien le demy diametre. Il
eſt aiſé de trouuer auec le compas de proportion le coſté du quarré inſcrit au cercle, veu
que le quarré du diametre A C eſt double du quarré de A B, & iceluy double du quarré du demy diametre A E.*

PROBL. XXX.

A l'entour d'vn cercle donné, deſcrire vn quarré.

Soit le cercle donné F G S I, à l'entour duquel il faut

defcrire vn quarré. Soient menés les deux diametres F S, & G I fe couppans au centre E à angles droicts, & par les deux poincts G & I, foient menées les deux lignes B G C, A I D paralleles au diametre F S: & pareille-ment par les deux poincts F & S, foient menées les deux lignes A F B, C S D pa-ralleles au diametre G I, & icelles quatre lignes paralleles, fe rencontrans és poincts A,B,C,D, font le quarré requis, comme il eft demonftré en la 7. p. 4.

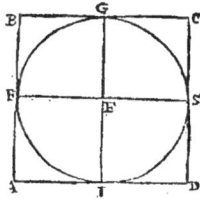

PRCBL. XXXI.

Dans vn quarré donné, defcrire vn cercle.

Soit le quarré donné A B C D, dans lequel il faut defcri-re vn cercle: foient tirées les diagonales A C & B D, s'entrecouppans en E, & d'iceluy poinct E, foit menée E F per-pendiculairement à A B, puis du centre E & interualle E F, foit defcrit le cercle F G H I, lequel fera infcrit au quarré don-né, comme il eft demonftré en la 8. propofition du 4.

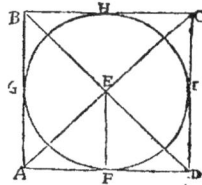

SCHOLIE.

D'autant que le demy diametre E F eft égal à la moitié du cofté du quarré don-né, iceluy demy diametre E F fera aifément trouué auec le compas de proportion, & auffi le centre E, attendu que le quarré de B E, eft moitié du quarré du cofté A B.

PROBL. XXXII.

A l'entour d'vn quarré, defcrire vn cercle.

Soit le quarré donné A B C D, à l'entour duquel il faut

deſcrire vn cercle. Soient menées les deux diagonales AC,
BD, ſe couppans en E, duquel poinct
& interualle EA, ſoit deſcrit le cercle.
ABCD, qui ſera le requis, comme il eſt
demonſtré en la neufiéme propoſition
du 4. d'Euclide.

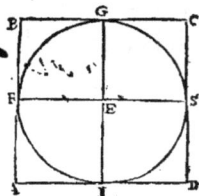

SCHOLIE.

Veu que le quarré donné eſt double du quarré du demy diametre A E, on trouuera
auſſi aiſément auec le compas de proportion le centre. E.

AXIO. LXIV. *demonſtré en la 47. p. 1.*

Au triangle rectangle, le quarré du coſté qui ſouſtient l'angle
droict eſt égal aux deux quarrés des deux autres coſtez.

COROLL.

Il eſt donc manifeſte que ſi deux coſtez d'vn triangle rectangle ſont cogneus, que l'autre le ſera auſſi fort aiſément : Car ſi les deux coſtez donnez
ſont ceux comptenant l'angle droict, quarrant chacun d'iceux, puis adiouſtant les deux quarrez enſemble, la racine quarrée du produict ſera le coſté
oppoſé à l'angle droict: mais ſi ledit coſté oppoſé à l'angle droict eſt l'vn des
donnés, alors il faudra quarrer chacun d'iceux ; puis du plus grand nombre
en ſouſtraire le moindre, & la racine quarrée du reſte ſera le contenu de
l'autre coſté du triangle.

AXIO. LXV. *demonſtré en la 48. p. 1.*

Si le quarré de l'vn des coſtez d'vn triangle eſt égal aux quarrez
des deux autres coſtez, le triangle ſera rectangle.

SCHOLIE.

Or nous deſcrirons icy deux manieres par leſquelles nous pourrons deſcrire vn triangle
rectangle ayant les coſtez commenſurables, en nombre de parties égales, ſans fraction, dont
la premiere maniere qui enſuit, eſt attribuée à Pithagore. Soit pris pour le moindre coſté vn

nombre de parties nōpair, & iceluy nombre eſtant quarré ſoit oſté l'vnité de ſoꝛdit quarré, & la moitié du reſte d'iceluy quarré, ſera le moyen nombre, auquel adiouſtant l' vnité
prouiendra le plus grand nombre: comme pour exemple, prenāt 3 pour le nombre des parties du moindre coſté, ſon quarré eſt 9, duquel oſtans l'vnité reſtent 8, dont la moitié eſt
4, pour le nombre des parties du moyen coſté, mais adiouſtant à iceluy l'vnité, viendront
5, pour le nombre des parties du plus grand coſté.

La deuxiéme maniere qui eſt attribuée à Platon enſuit. Soit pris vn nombre pair, &
du quarré de la moitié d'iceluy ſoit oſté l'vnité, & nous aurons l'vn des deux autres
nombres: mais adiouſtant ladite vnité, nous aurōs le troiſiéme nombre: comme pour exemple, prenant 4, pour l'vn des nombres, le quarré de la moitié d'iceluy eſt 4, dont l'vnité
eſtant oſtée, reſte 3 pour l'vn des deux autres nombres: mais adiouſtant ladite vnité à
iceluy quarré, nous aurons 5 pour le troiſiéme nombre.

Or nous mettrons encores icy la maniere de diuiſer vn nombre quarré en tant de nombres quarrez qu'on voudra, & pour ce faire: poſons que nous voulions partir 36, nombre
quarré en 5 quarrez. Premierement donc nous trouuerons comme eſt enſeigné cy deſſus
trois nombres quarrez, dont l'vn ſoit égal aux deux autres, que nous poſons eſtre 5, 4, 3.
Maintenant nous dirons ſi 5 donnent 4, que donneront 6, qui eſt la racine de 36, nombre
quarré propoſé. Item ſi 5 donnent 3, que donneront 6: & ſeront trouuez $4\frac{4}{5}$ & $3\frac{3}{5}$ pour
les racines des deux quarrez égaux au quarré 36 dōné. Derechef ſoit fait cōme 5 eſt à 4,
& à 3, ainſi $3\frac{3}{5}$ à vn autre, & ſeront trouuez $2\frac{22}{25}$ & $2\frac{4}{25}$ racines de deux nombres
quarrez égaux au nombre quarré de $3\frac{3}{5}$, & partant nous auons déja trois nombres, deſquels les quarrez ſont égaux au nombre quarré donné: & iceux nombres ſont $4\frac{4}{5}$, $2\frac{22}{25}$
& $2\frac{4}{25}$: ſi derechef nous faiſons que comme 5 eſt à 4 & à 3, ainſi $2\frac{4}{25}$ à vn autre, ſeront trouuez deux autres nombres $1\frac{91}{125}$ & $1\frac{37}{125}$: parquoy delaiſſant $2\frac{4}{25}$ auquel ſont
égaux les deux derniers trouués: nous auons quatre racines $4\frac{4}{5}$, $2\frac{22}{25}$, $1\frac{91}{125}$ & $1\frac{37}{125}$
deſquels les nombres quarrez ſont égaux au quarré 36 propoſé: & finalement ſi on fait
derechef comme 5 eſt à 4 & à 3, ainſi $1\frac{37}{125}$ à vn autre, ſeront trouuées deux autres racines $1\frac{23}{625}$ & $\frac{486}{625}$: parquoy delaiſſant $1\frac{37}{125}$ au lieu de laquelle nous auons trouué les
deux dernieres racines, nous aurons trouué cinq racines, $4\frac{4}{5}$, $2\frac{22}{25}$, $1\frac{91}{125}$, $1\frac{23}{625}$ & $\frac{486}{625}$
les nombres quarrez deſquels ſçauoir eſt, $23\frac{12}{25}$, $8\frac{184}{625}$, $2\frac{5406}{3625}$, $1\frac{19179}{190625}$ &
$\frac{236196}{390625}$ ſeront enſemble le nombre quarré prop. 36. & en cette maniere pourront eſtre
trouuez d'auantage de quarrez égaux au nombre 36, ſi on fait comme 5 eſt à 4 & à 3,
ainſi la derniere racine trouuée $\frac{486}{625}$, qui eſt la moindre, à vne autre, &c.

AXIO. LXVI. demonſtré en la 12. p. 2.

Aux triangles ambligones, le quarré du coſté qui ſouſtient l'angle
obtus, eſt plus grand que les quarrez des deux autres coſtez de la
quantité de deux fois le rectangle, compris du coſté contenant
l'angle obtus, ſçauoir celuy ſur lequel eſtant prolongé, tombe la
perpendiculaire, & de la ligne priſe dehors entre la perpendiculaire
& l'angle obtus.

COROLLAIRE.

Il est donc manifeste que les deux costez comprenant l'angle obtus d'vn triangle ambligone estans cogneus, ensemble la ligne prise dehors entre la perpendiculaire & l'angle obtus, que l'autre costé du triangle sera aussi cogneu, & encores la perpendiculaire. Car quarrant chacun costé donné, & adioustant les deux quarrez auec deux fois le produit du costé sur lequel tombe la perpendiculaire, multiplié par la ligne d'entre ladite perpendiculaire & l'angle obtus, viendra le costé opposé à l'angle obtus: & si on quarre la ligne prise dehors entre l'angle obtus & la perpendiculaire, & aussi le costé de l'extremité duquel tombe ladite perpendiculaire, & on oste le moindre quarré du plus grand, restera vn nombre duquel la racine quarrée sera ladite perpendiculaire.

Que si le costé opposé à l'angle obtus, & le costé sur lequel tombe la perpendiculaire, ensemble la ligne prise entre icelle perpendicul. & l'angle obtus estoient cogneus, il est euident par ce que dit est cy dessus, que l'autre costé du triangle, & aussi la perpendiculaire seront pareillement cogneus.

Que si le costé opposé à l'angle obtus, & le costé de l'extremité duquel tombe la perpendiculaire sont cogneus, & aussi ladite ligne d'entre ladite perpendiculaire & l'angle obtus; la perpendiculaire & le troisiéme costé du triangle seront pareillement cogneus. Car premierement nous cognoistrons la perpendiculaire, puis apres ledit troisiéme costé, comme dit est au Corrolaire de la 47. p. 1. ou Axiome 64.

Et finalement il appert encores qu'estans cogneus deux costez, quels qu'ils soient dudit triangle ambligone, & la perpendiculaire; l'autre costé, & la ligne d'entre la perpendiculaire & l'angle obtus, seront pareillement cogneus.

SCHOLIE.

Nous domonstrerons icy ce Theoreme.

Si le quarré du costé d'vn triangle est plus grand que les quarrez des deux autres costez, l'angle opposé à iceluy costé sera obtus.

Soit le triangle A B C, dont le quarré du costé A B est plus grand que les quarrez des deux autres costez A C, C B. Ie dis que l'angle A C B opposé au costé A B est obtus. Car soit tiré de C perpendiculairement à A C, la ligne C D égale à B C, & soit ioinct A D; donc puis que par la 47. proposition 1. ou Axiome 64. le quarré de A D est égal aux quarrez de A C, C D : c'est à dire de A C, B C, & le quarré de A B a esté posé plus grãd que les quar. de A C, C B, le quarré de A D sera moindre que le quarré de A B, & partant la ligne A D moindre que la ligne A B. Parquoy puis que les costez B C, A C du triangle A B C sont égaux aux costez C D, A C,

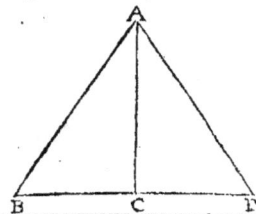

du triangle *ACD*, vn chacun au sien, & la base A B, plus grande que la base A D, par la 25. p. 1. ou Axiome 13. l'angle A C B sera plus grand que l'angle A C D, mais iceluy A C D est droit: donc A C B est plus grand qu'vn droit, & partant obtus. Ce qu'il falloit demonstrer.

Or nous mettrons icy certaines regles, par lesquelles nous pourrons construire vn triangle ambligone, ayant les costez commensurables, & aussi la ligne d'entre la perpendiculaire & l'angle obtus.

REGLE PREMIERE.

Pour construire vn triangle ambligone Isoscelle ayant les costez & la ligne prise dehors, entre la perpendiculaire & l'angle obtus commensurables. Soit fait le segment exterieur d'autant de parties égales que le nombre d'icelles parties, se puisse diuiser par 7, comme de 7, ou 14, ou 21, ou 28, ou 35, &c. puis apres soit posé pour l'vn & l'autre costé égal, le double d'iceluy segment, & outre ce $\frac{2}{7}$ d'iceluy, mais pour le plus grand costé, le quadruple & $\frac{2}{7}$ dudit segment exterieur: comme au triangle A B C, où le segment A D est posé de 7, & l'vn & l'autre des costez A B, A C de 18, qui est double & $\frac{2}{7}$ de 7: mais le plus grand costé B C de 30, parties, qui est quadruple & $\frac{2}{7}$ de 7. Or que ce triangle A B C composé comme dessus soit ambligone, il est evident : Car le quarré du costé B C est 900, auquel est égale la somme des quarrez des costez A B, A C, & deux fois le rectangle de A B, A D, c'est à dire à la somme de ces quatre nombres, 324, 324, 126, 126: donc le quarré de A B, ensemble celuy de A C, sont moindres que le quarré de B C, & partant par le precedent Theoreme, l'angle B A C est obtus: donc le triangle A B C, duquel les costez & la ligne exterieur A D sont commensurables, est ambligone. Ce qu'il falloit demonstrer.

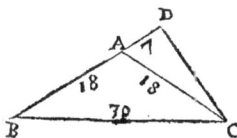

Que si on multiplie chacun nombre de ce triangle par quelconque nombre, prouiendront les nombres d'vn autre triangle proportionnel à cestuy-cy.

Nous constituerons pareillement vn triangle comme dessus, posant le segment A D de quelconques parties qui ne se puissent diuiser premieremēt par 7, mais alors les costez seront nombres entiers auec fractions.

REGLE II.

Pour construire vn triangle ambligone scalene, duquel les costez & la ligne prise dehors entre la perpendiculaire tombant sur le moindre costé prolongé, & l'angle obtus, soient commensurables. Soit posé le segment exterieur d'autāt de parties qu'on voudra qui se puissent nombrer par 5, com-

G

me 5,10,15,20,&c, & adiouſtãt à icelles parties $\frac{3}{5}$ d'icelles, on aura le moindre coſté, & le double d'iceluy donnera le moyen coſté, mais le quadruple du ſegment exterieur ſera le plus grand coſté. Comme ſi nous poſons que le ſegment exterieur ſoit de 10 parties egales, adiouſtant à icelles les $\frac{3}{5}$, viendront 16 pour le moindre coſté du triangle, & doublant 16, nous aurons 32 pour le moyen coſté; & finablement quadruplant 10 du ſegment exterieur, nous aurons 40 pour le plus grand.

REGLE III.

Pour conſtruire vn triangle ambligone ſcalene, duquel les coſtez & le ſegment exterieur du moyen coſté prolongé iuſques à la rencontre de la perpendiculaire tombant ſur iceluy coſté ſoient commenſurables. Soit pris encores ledit ſegment exterieur d'autant de parties egales qu'on voudra qui ſe puiſſent nombrer par 5, & adiouſtant au triple d'icelles $\frac{1}{5}$, ſera donné le moindre coſté, le double duquel donnera le moyen coſté, mais multipliant ledit ſegment par 8, nous aurons le plus grand coſté: comme ſi nous poſons 5 pour le ſegment exterieur, & adiouſtons $\frac{1}{5}$ au triple d'iceluy ſegment, nous aurons 16 pour le moindre coſté, & doublant iceluy coſté, viendront 32 pour le moyen coſté: & finablement multipliant ledit ſegment par 8, nous aurons 40 parties pour le plus grand coſté du triangle.

AXIO. LXVII demonſtré en la 13. *p.* 2.

Aux triangles oxigones, le quarré du coſté qui ſouſtient l'angle aigu eſt plus petit que les quarrez des deux autres coſtez de deux fois le rectãgle, de l'vn des coſtez qui font l'angle aigu, ſçauoir celuy ſur lequel tombe la perpendiculaire, & de la ligne priſe au dedans entre la perpendiculaire & l'angle aigu.

COROLLAIRE.

Il eſt donc manifeſte par cecy, que ſi vn coſté d'vn triangle oxigone eſt cogneu, & auſſi les ſegmens de la baſe faicts par la perpendiculaire, que l'autre coſté ſera ſemblablement cogneu, & auſſi la perpendiculaire.

Or nous mettrons icy la maniere de conſtruire vn triangle oxigone, ayant les coſtez & les ſegmens de la baſe commenſurables en nombre entier, afin de pouuoir par le moyen des nombres faire paroir la verité de cet axiome, & d'autãt que les triangles oxigones ſont diuers, & la perpendiculaire peut tomber ſur diuers coſtez, nous deſcrirons certaines regles, par le moyen deſquelles nous paruiendrons à ce que nous auons ſouuent propoſé.

REGLE I.

Or d'autant qu'au triangle équilateral, & à l'isoscelle, la perpendiculaire tombant de l'angle compris des deux costez egaux, fait les segmens de la base egaux, il ne sera difficile de construire tel triangle, ayant les costez & les segmens commensurables en nombre entier. Mais quand le triangle est requis isoscelle,& que la perpendiculaire tombe sur l'vn des costez egaux, & que la base du triangle soit plus grande que chacun d'iceux costez egaux, il faut poser le moindre segment d'autant de parties qu'on voudra ; & icelles estans multipliees par 8 produiront le plus grand segment ; mais si elles sont multipliees par 12, sera produit la base; & les deux segmens estans adioustez, on aura l'vne & l'autre des iambes:ce qu'on aura aussi multipliant le moindre segment par 9.

REGLE II.

Que s'il est requis que le triangle soit isoscelle, ayant la base moindre que chacune iambe,& que sur l'vne d'icelle tombe la perpendiculaite, il faudra poser le moindre segment d'autant de parties qu'on voudra en nombre pair,& multipliant la $\frac{1}{2}$ d'iceluy nombre par 7, on aura le plus grand segment ; mais multipliant ledit moindre segment par 3, on aura la base; & finalement la somme des deux segmens sera chacune des iambes, qu'on aura aussi multipliant la $\frac{1}{2}$ du moindre segment par 9.

REGLE III.

Que s'il est requis que le triangle soit scalene, & la perpendiculaire tombe sur le moindre costé, il faudra poser le moindre segment d'vn nombre de parties qui se nombre par 70, ou 140, ou 210, &c. & adioustant à icelles parties $\frac{29}{70}$, on aura le plus grand segment, & la somme de ces deux segmens sera le moindre costé; mais si les parties du moindre segment sont doublees, & au produit on adiouste $\frac{41}{3}$, c'est à dire $\frac{2}{3}$ d'iceluy segment,sera procreé le moyen costé : & finalement si à ce double du moindre segment, on adiouste $\frac{55}{70}$, c'est à dire $\frac{11}{14}$, on aura le plus grand costé.

REGLE IV.

Que si au triangle scalene est requis que la perpendiculaire tombe sur le moyen costé : Soit posé le moindre segment d'vn nombre de parties qui se nombre par 5, ou par 10, ou 15, &c. & adioustant à iceluy $\frac{4}{5}$, on aura le plus grand segment,& la somme d'iceux sera le moyen costé ; mais si on adiouste $\frac{2}{5}$ au double d'iceluy moindre segment,on aura le moindre costé, mais le triple d'iceluy moindre ſegment ſera le plus grand coſté.

REGLE V.

Et finalement s'il eſtoit requis que la perpendiculaire tombe ſur le plus grand coſté, ſoit poſé le moindre ſegment d'vn nombre de parties qui ſe nombre par 33, ou 66, ou 99, &c. & adiouſtant $\frac{9}{33}$, c'eſt à dire $\frac{3}{11}$, on aura le plus grand ſegment, & la ſomme d'iceux ſegmens ſera le plus grand coſté; & ſi au double du moindre ſegment on adiouſte $\frac{4}{33}$, on aura le moyen coſté: mais ſi à iceluy moindre ſegment on adiouſte $\frac{21}{33}$, on aura le moindre coſté.

Or nous mettrons encores icy, qu'eſtans cogneus les coſtez d'vn triangle obliqu'angle, nous ſçaurons facilemēt les ſegmens de la baſe faits par la perpendiculaire, tombant ſur icelle par le moyen d'vne regle de trois: car la baſe eſt à la ſomme des coſtez, comme la difference d'iceux coſtez eſt à la difference des ſegmens de ladite baſe, ſi les deux angles qui ſont ſur icelle baſe ſont aigus, ou à la ſomme d'iceux ſegmens, ſi l'vn deſdits angles eſt obtus.

PROBLEME XXXIII.

Eſtans propoſees deux lignes droictes inegales, en trouuer vne autre, deux quarrez de laquelle ſoient egaux aux deux quarrez des deux propoſees.
ou bien
Eſtans propoſez deux quarrez inegaux, en trouuer deux autres qui ſoient egaux entr'eux; & pris enſemble, ſoient auſſi egaux aux deux propoſez pris enſemble.

Soient A B & B C, cottez de deux quarrez inegaux, & il faut trouuer les coſtez de deux autres quarrez egaux entr'eux, & les deux enſemble egaux aux deux propoſez. Eſtans conioints les coſtez A B, B C à angles droits, ſoit tiree A C, & ſur icelle ſoient

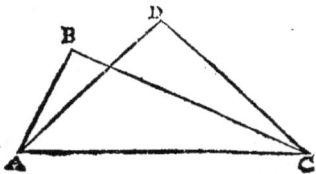

tirees les deux lignes AD , CD, faifant fur AC les angles egaux, & demy droicts; & icelles feront les deux coftez des quarrez requis: car AD,CD feront egaux par la 6.p.1 ou axiome 9, attendu que les angles DAC, ACD font egaux,& partant les quarrez d'iceux coftez auffi egaux, & par la 32.p.1.ou axiome 21. l'angle D eft droict; & partant par la 47p1. ou axiome 64, le quarré de AC eft egal aux deux quarrez de AD,CD:mais par la mefme 47.p.1.iceluy quarré de AC eft auffi egal aux deux quarrez de AB, BC: donc les quarrez de AD, CD font egaux aux quarrez de AB, CB: ce qu'il falloit faire.

SCHOLIE.

La mefme chofe fe fera auffi aifément auec le compas de proportion. Car iceluy eftät à angle droict, nous trouuerons AC ; puis par le moyen d'icelle les deux coftez AD, CD.

PROBL. XXXIIII.

Eftans propofees deux lignes droictes inegales , en trouuer vne autre de laquelle le quarré, auec celuy de la moindre des don-nées, foient egales au quarré de la plus grande donnee.

Soient données les deux lignes droictes inegales AB, CD,dont AB eft la plus grande, & il faut trouuer vne autre li-gne droicte,le quarré de laquel-le, & celuy de CD foient egaux au quarré de AB. Sur AB foit defcrit le demy cercle AEB, & dans iceluy foit accommodee

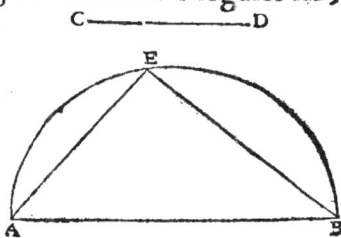

AE egale à CD, & foit ioinct BE. Ie dis que le quarré de
BE & celuy de AE font egaux au quarré de AB : car l'angle
AEB eft droict par la 31. p. 3. ou axiome 1. & par la 47. p. 1.
ou axiome 64, les quarrez de AE, égale à CD BE font egaux
au quarréde AB, ce qu'il falloit faire.

SCHOLIE.

*Le mefme fe fera aufsi facilement auec le compas de proportion : Car iceluy eftans
ouuert à angle droict, nous aurons incontinent BE, 3ᵉ cofté du triangle rectangle.*

PROBL. XXXV.

*Eftans propofez tant de quarrez qu'on voudra, trouuer vn au-
tre quarré egal à tous les donnez.*

Soient donnez AB, BC & D,
les coftez de trois quarrez : & il
conuient trouuerle coftéd'vn autre quarré egal à iceux.

Ayant difpofé AB & BC à angles droicts, foit tiree AC, le quarré de laquelle fera egal aux quarrez de AB, BC par la 47. p. 1. ou
axiome 64, & fur extremité C, foit

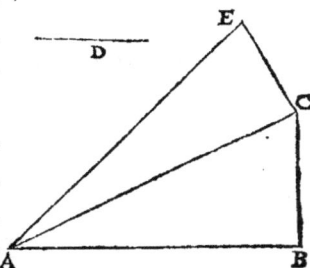

leuee EC perpédiculaire à AC, & egale à D : & eftát mené
la ligne AE, le quarré d'icelle fera egal aux trois quarrez de
AB, BC, & D : car puifque le quar. de AC eft egal aux quarrez
de AB, BC, & le triangle ACE à l'angle C droict, & le cofté CE egal à D, le quarré de AE eft egal aux quarrez de
AC, CE, c'eft à dire de AB, BC & D : ce qu'il falloit faire.

SCHOLIE.

*Le compas de proportion eftant ouuert à angle droict, nous trouuerons incontinent le
cofté AE.*

Or d'autant que par la 2.p.12.les cercles sont entr'eux comme les quarrez de leurs diametres,il est euident qu'estant proposez tant de cercles qu'on voudra,il sera trouué en la mesme maniere que cy-dessus,le diametre d'vn cercle egal à tous les donnez.

PROBL. XXXVI.

Estans proposez deux quarrez, adioindre à l'vn ou à l'autre d'iceux vne figure egale à l'autre quarré: tellement que toute la figure composee soit aussi quarree.

Soient proposez les deux quarrez A & BD, & il faut adioindre à BD vne figure egale à A, en sorte qu'icelle figure, & iceluy quarré BD fassent aussi vn quarré. Soit prolongé BE tant qu'il sera de besoin,& estãt pris d'icelle, B F egale au costé de A, soit tiree CF, & faict BG egale à icelle CF: & estant paracheué le quarré BGHI,la figure CGHIED sera egale au quarré A, mais luy adioignãt le quarré BD,toute la figure BGHI sera quarree: car puis qu'elle est egale au quarré de CF, elle sera aussi egale aux quarrez de BF,& de BC, c'est à dire aux quarrez A & BD, & si on en oste le quarré commun BD, restera le quarré A egal à la figure CGHIED: ce qu'il falloit faire.

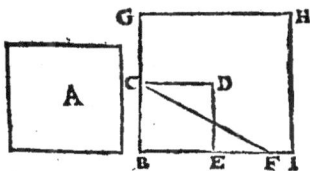

SCHOLIE.

Le mesme se fera aussi auec le compas de proportion fort facilement, car il n'y a qu'à trouuer le costé d'vn quarré egal aux deux quarrez donnez.

PROBL. XXXVII.

Eſtant donné l'excez du diamettre d'vn quarré par deſſus le
coſté d'iceluy quarré, trouuer le coſté dudit quarré.

Soit donné AB l'excez du diamettre d'vn quarré par
deſſus le coſté d'iceluy quarré,
& il faut trouuer le coſté de ce
quarré là. Sur l'extremité B ſoit
leuee perpendiculairement BC
egale à A B : puis ſoit menee AC,
& prolongee iuſques en D : tellement que C D ſoit egale
à B C : & A D ſera le coſté du quarré, dont le diamettre
excede iceluy coſté A D de la ligne A B : car eſtant tiré
DE perpendiculaire à AD, qui rencontre AB prolongee en
E, les coſtez AD, DE feront egaux par la 6.p.1.ou axiome 9,
attendu que les angles A, E, ſont egaux & demy droicts :
car d'autant qu'au triangle ACB, l'angle ABC eſt droict, &
les coſtez AB, BC egaux, les angles A, & BCA ſont egaux &
demy droicts par les 5 & 32. p. 1. ou axiomes 8 & 21 : donc
AE eſt diametre du quarré de AD : maintenant ſoit menee
BD, & par la 5.p.1. les angles CBD, CDB feront egaux ; parquoy ſi on les oſte des angles droicts CBE, CDE, reſteront
les angles DBE, BDE egaux ; & partant les coſtez BE, DE,
feront egaux par la 6.p.1. ou axiome 9 : mais veu que le
diamettre AE ſurpaſſe BE de la ligne donnee AB, le meſme
diamettre AE ſurpaſſera le coſté du quarré de DE, ou AD,
de la grandeur de ladite ligne AB : ce qu'l falloit faire.

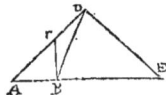

SCHOLIE

SCHOLIE.

Le mesme se fera aussi auec la compas de proportion sçauoir est, le mettant à angle droict puis ayant transferé sur la iambe l'exces AB, l'ouuerture de l'extremité adiouſtée a iceluy exces ſera la ligne AD: Ou bien ſans mettre ledict compas de proportion a angle droict ſoit mis l'exces A B ſur 60. deg. ou ſur le premier quarré, & l'ouuerture de 90. deg. ou du 2. quarré donnera AC, qui adiouſté a l'exces donné, donnera le coſté AD.

PROBL. XXXVIII.

Entre deux ligne droictes faiſant angle, & infinies, colloquer vne ligne droicte egale à vne ligne droicte donnée, qui faſſe auec l'vne d'icelles, vn angle égal à vn angle donné: mais il faut qu'iceluy angle donné, & celuy compris des lignes données, ſoient moindres que deux droits.

Soient deux lignes droictes infinies A B, A C contenant langle B A C, & ſoit donnée la ligne droicte D, & l'angle gle E, lequel auec l'ang. B A C ſont moindres que deux droits, & il faut colloquer entre les lignes A B, A C, vne ligne droicte egale à la ligne D , faiſant auec A C vn angle egal au donné E. Soit fait l'angle C A F, egal à l'angle E , prolongeant F A , tellement que A G ſoit egale à D, & par G ſoit menee G B parallele à A C couppât A B en B, & finalement de B ſoit mené B C parallele à G A couppant A C en C, & icelle B C ſera telle qu'il eſtoit requis. Car puis que par la conſtruction le quadrilataire A C B G eſt parallelog. B C ſera egalé à G A par la 34. p. 1. ou axiome 23. c'eſt à dire à D, & puis que par la 29.

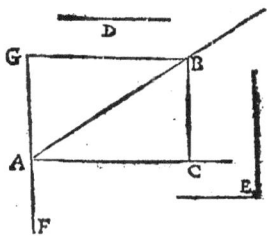

H

p. 1. ou axiome 6. l'angle B C A eſt egal à l'angle alterne C A F, & iceluy C A F eſt egal à l'angle E, les angles BCA & E ſont egaux : Ce qu'il falloit faire.

SCHOLIE.

Nous trouuerons les lignes A B, A C terminées auec le compas de propor-
tion. Car nous ſont donnez deux angles, & vn coſté du triangle ABC, &
partant ſera donné l'autre angle reſtant de deux droicts : deſcriuant donc
ſur la ligne donnée vn triangle ayant l'vn des angles de deſſus icelle ligne
donnée égal à l'angle donné , & l'autre angle egal au reſtant des deux
donnez : nous trouuerons les coſtez A B, A C.

PROBL. XXXIX.

Faire vn parallelogramme égal à vne figure rectiligne
donnée, ayant vn angle égal à vn angle recti-
ligne donné.

Soit le rectiligne donné A B C D, & l'angle donné E, & il conuient faire vn parallelogramme egal au rectiligne ABCD, & qui ait vn angle egal à E.

Soit menée la ligne A C, faiſant deux triangles de la figure rectiligne donnee, & par la 42. prop. 1. ſoit fait le parallelogramme G I egal au triangle A C D ayant vn angle egal au donné E, puis ſur H I ſoit fait le parallelogramme H K egal au triangle A B C, ayant vn angle egal au donné E, & le parallelogramme G K ſera egal au rectiligne A B C D, & aura l'angle F egal à E, comme il eſt demonſtré en la 45. p. 1.

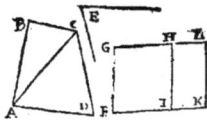

SCHOLIE.

Les costez G F, & GL du parallelogramme G K égal au rectiligne donné, seront aussi trouués par le compas de proportion, par les choses dites és Scholies des problemes precedens : & sera encores aisé de trouuer les costez d'vn triangle egal audit rectiligne donné, & qui ait vn angle egal a s donné E.

PROBL. XL.

Estant données deux figures rectilignes inegales, trouuer l'excez de la plus grande par dessus la moindre.

Soient donnees deux figures rectilignes A & B, dont A est la plus grande, & il fait trouuer l'excez de A par dessus B. Soit fait le parallelogramme C E egal au rectiligne A, puis sur la ligne CD soit fait le parallelogramme C H egal au rectiligne B, ayant l'angle C commun, & le parallelogramme G E sera l'excès du rectiligne A, par dessus le rectiligne B: car puis qu'iceluy est l'excés du parallelogr. C E par dessus le parallelog. CH.Iceluy parallelogr. G E sera aussi l'excés du rectilig. A, par dessus le rectilig. B. Ce qu'il falloit faire.

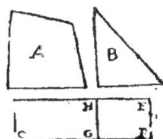

SCHOLIE.

Les costez G H & G F du parallelogramme G E excés du rectiligne A, par dessus le rectiligne B seront aussi trouués comme dit est és Scholies des precedents Problemes.

PROBL. XLI.

Estans données deux lignes droictes, trouuer leur moyenne proportionelle.

Soient les deux lignes données A B & C, & il faut trou-

uer leur moyenne proportionelle. Soit prolongée A B juſques en D, en ſorte que B D ſoit
egale à C, puis ſoit A D couppée en deux egalement en E, &
d'iceluy poinct comme centre &
interualle E A, ſoit deſcrit vn de-
my cercle, puis du poinct B, ſoit eſleuée la perpendiculaire B F, juſques à ce qu'elle rencontre la circonference du
cercle en F, & icelle perpendiculaire B F, ſera la moyenne
proportion. requiſe, comme il eſt demonſtré en la 13. p. 6.

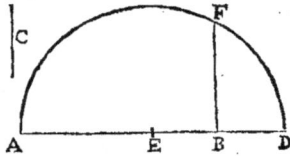

SCHOLIE.

*Nous ferons auſsi la meſme operation auec le compas de proportion, com-
me il enſuit. Soit premierement ouuert le compas de proportion à angle droict,
puis ſoient transferées les lignes données AB & C ſur l'vne des iambes, afin
de ſçauoir combien chacune d'icelles lignes contient de parties, telles que celles
contenuës en iceluy compas : ce que faiſant, ie trouue que A B en contient 64.
& C 16, que i'adiouſte enſemble, & font 80, dont ie prend ſur la iambe la moitié qui eſt 40. & poſant l'vne des poinctes du ſimple compas ſur 24, qui eſt la
diff. deſdits 40, & des 16 que contient la ligne C, l'autre poincte dudit ſimple
compas va tomber ſur l'autre iambe du compas de proportion, au nombre 32, &
prenant la grandeur deſdites 32 parties, i'ay la ligne BE pour la moyenne proportionelle requiſe.*

*Or il eſt manifeſte par ce que deſſus, qu'eſtant donné vn nombre, il aiſé d'a-
uoir la racine quarrée d'iceluy auec ledit compas de proportion. Car trouuant
deux nombres qui multipliez l'vn par l'autre, produiſent le donné, puis paracheuant auec leſdits deux nombres, tout ainſi qu'il a eſté fait cy-deſſus auec
les deux lignes AB & C, on aura le nombre radical requis. Comme pour exemple, ſoit donné le nombre 10000, la racine quarrée duquel il faut trouuer : premierement donc ayant trouué que 200 & 50 multipliés enſemble, produiſent
ledit nombre donné, i'adiouſte iceux enſemble, & font 250. dont la ½ eſt 125.
que ie prend ſur la iambe du compas de proportion, iceluy eſtant au preallable ouuert à angle droict, & poſe l'vne des poinctes du ſimple compas au
nombre 75. qui eſt la difference d'entre 125 & 50, & l'autre poincte va tom-*

ber sur l'autre iambe, au nombre 100. *& partant je dis que* 100 *est racine quarrée du nombre donné* 10000.

Que si le nombre donné est plus que 40000, *il faut faire comme dessus, excepté qu'au lieu de proceder auec la* $\frac{1}{2}$ *il faut proceder auec le* $\frac{1}{4}$, *& le double du nombre qui prouiendra, sera la racine requise.*

Autrement, ladite racine se pourra plus aisément trouuer sur la ligne des plans, & pour ce faire γ serons de deux manieres : la premiere, quant le nombre proposé ne sera plus grand que 6400 *& alors soit pris sur la ligne droicte dudit compas,* 40 *parties, & soient posées à l'ouuerture du* 16. *plan, & iceluy compas estant ainsi ouuert, soit reietté les deux dernieres figures du nombre donné, & pris l'ouuerture du nombre des figures restantes, laquelle ouuerture estant portée sur la ligne droicte, on aura le nombre radical : Obseruant que si on prend à peu prés l'ouuerture du reste (c'est à dire des deux dernieres figures retranchées comme parties d'vn entier, dont le denominateur est* 100.) *auec les figures prises, que l'on aura le nombre radical plus precis.*

Que si le nombre proposé est plus grand que 6400; *il faudra apres auoir retranché les deux dernieres figures prendre la moitié, tiers ou quart &c. du reste, & prendre l'ouuerture d'icelle* $\frac{1}{2}$, $\frac{1}{3}$ *ou* $\frac{1}{4}$ *&c. puis poser ladite ouuerture à l'ouuerture de quelque plan qui ait sur le compas double, triple, quadruple &c. & l'ouuerture d'iceluy double, triple, quadruple &c. estant transferée sur la ligne droicte, monstrera le nombre radical requis.*

Que si le nombre proposé estoit fort grand, l'on n'auroit qu'à retrancher les trois dernieres figures, & proceder comme dessus, ayant au preallable ouuert le compas de proportion, en sorte que le dixiéme plan soit ouuert de 100 *parties, au lieu que cy-dessus le seziéme plan estoit ouuert de* 40 *parties seulement.*

PROBL. XLII.

Faire vn quarré egal à vne figure rectiligne donnée.

Soit donnée la figure rectiligne A, à laquelle il faut faire vn quarré egal.

Soit fait premierement le rectangle B C D egal au rectiligne A, puis estant prolongé le

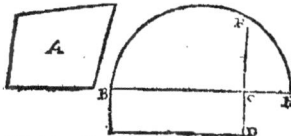

coſté BC juſques en E, tellement que CE ſoit egale à CD, &
deſcrit ſur BE le demy cercle B F E, ſoit tirée perpendiculairement C F, laquelle ſera le coſté du quarré egal au parallelogramme rectangle B D, & par conſequent au rectiligne A, comme il eſt demonſtré en la derniere propoſition du deuxiéme d'Euclide.

SCHOLIE.

*Le meſme ſe ſera auſſi auec le compas de proportion : ſçauoir eſt trouuans les coſtez
du parallelogramme BD egal au rectiligne A : puis prenant la moyenne proportionnelle
entre iceux coſtez.*

DEF.

*Vne ligne droicte, eſt dite eſtre diuiſée en la moyenne & extreme raiſon,
quand la toute eſt au plus grand ſegment, comme iceluy plus grand ſegment eſt
au moindre.*

PROBL. XLIII.

*Coupper vne ligne droicte donnée & terminée en la moyenne &
extreme raiſon.*

Soit la ligne droicte donnée A B, qu'il faut coupper
en la moyenne & extreme raiſon. Soit icelle A B couppée en deux egalement au poinct C, puis
au poinct B ſoit eſleuée perpendiculairement B D egale à C B, & apres auoir mené la ligne A D, ſoit couppé d'icelle, D E
egale à B D, puis de A B, ſoit couppé A F
egale à A E, & icelle A B ſera couppée en
la moyenne & extreme raiſon, dont la demonſtration eſt
faite en la 30. prop. du 6.

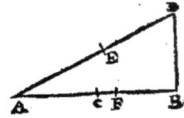

La mesme operation se fera aussi auec le compas de proportion en ceste ma-
niere. Soit premierement ouuert ledit compas à angle droict, puis sur l'vne
des iambes, soit transferé ladite ligne AB, laquelle se termine au nombre 60,
& partant la moitié d'icelle est 30, l'ouuerture desquels deux nombres, sça-
uoir est 60. & 30. estant transferée sur la iambe va se terminer au nombre
67 peu plus, la distance desquels iusques à 30, moitié de la ligne donnée, estant
posée sur icelle ligne A B, on l'a couppera au poinct F, ainsi qu'il estoit requis.

Autrement, soit posé A B à l'ouuerture de 60. degr. & l'ouuerture de 36.
degr. donnera A F, comme dessus.

AXIO. LXVIII. *demonstré en la* 1. *p.* 13.

Si vne ligne est couppée en la moyenne & extreme raison, le
quarré de la moitié de la toute & du plus grand segment, comme
d'vne ligne, est quadruple du quarré de la moitié d'icelle ligne to-
tale.

AXIO. LXIX. *demonstré en la* 2. *p.* 13.

Si le quarré d'vne ligne est quintuple du quarré d'vne partie
d'icelle, le double d'icelle partie estant couppée en la moyenne &
extreme raison, le plus grand segment sera l'autre partie de la
donnée.

AXIO. LXX. *demonstré en la* 3. *p.* 13.

Si vne ligne droicte est couppée en la moyenne & extreme raison, le quarré du plus petit segment, & de la moitié du plus grand
segment, comme d'vne, est quintuple du quarré de la moitié du plus
grand segment.

AXIO. LXXI. *demonstré en la* 4. *p.* 13.

Si vne ligne est couppée en la moyenne & extreme raison, le
quarré de la toute, & le quarré du petit segment ensemble, sont tri-
ples du quarré du plus grand segment.

AXIO. LXXII. demonstré en la 5. p. 13.

Si vne ligne droicte est couppée en la moyenne & extreme raison, & à icelle on adjouste directement le plus grand segment, la toute composée, sera couppée en la moyenne & extreme raison, & la toute simple sera le plus grand segment.

AXIO. LXXIII. demonstré en la 4. p. 14,

Si vne ligne est couppée en la moyenne & extreme raison, les segmens d'icelle, seront prop. aux segmens de toute autre ligne couppée de mesme.

PROBL. XLIV.

Descrire vn triangle isoscelle, ayant vn chacun des angles de la base double de l'autre.

Soit la ligne droicte A B, couppée en la moyenne & extreme raison au poinct C, puis sur A B, soit fait le triangle ABD, ayant le costé B D egal à A B, & la base A D egale à A C, & iceluy sera le triangle requis, dont la demonstration est faite à la 10. p. 4.

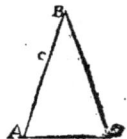

SCHOLIE.

Veu que par la 32. p. 1. ou axiome 21, les trois angles du triangle ABD sont egaux à deux droicts, & que l'angle B n'est que la moitié d'vn chacun de ceux de la base: il est euident qu'iceluy angle B est la cinquiesme partie de deux droicts, c'est à dire 36. deg. & chacun de ceux de la base ⅖ de deux droicts: c'est à dire 72. deg. & par consequent si sur les extremitez de la ligne A B donnée, on fait au poinct B, vn angle de 36. deg. auec le compas de proportion, & à A vn angle de 72. deg. on aura le mesme triangle ABD. Et par ceste mesme maniere mecanique, il sera aisé de descrire vn triangle isoscele, ayant chacun angle de la base autant multiple de celuy du sommet qu'on voudra.

DEF.

DEFF.

Les polligones ou figures de plusieurs angles ou costez, sont celles qui ont plus de 4 angles ou costez, & chacune d'icelles prend son nom du nombre de ses angles ou costez, comme la figure de 5 angles se nomme pentagone; de 6 angles, hexagone; de 7, heptagone; de 8, octogone, &c.

Or iceux polligones sont reguliers ou irreguliers.

Les reguliers, sont ceux qui ont tous les angles, & les costez egaux.

Mais les irreguliers, sont ceux qui ont les angles, & les costez inegaux.

PROBL. XLV.

Dans un cercle donné, descrire un pentagone equiangle, & equilateral.

Soit le cercle donné A B C, dans lequel il faut inscrire vn pentag. equiang. & equilateral. Soit premierement par le precedent Probleme fait le triangle D, ayant vn chacun des angles de la base doub. de l'autre, puis soit inscrit au cercle dóné le triág. ABC, equiangle au triangle D. Ce fait, soient tirées les lignes A E, E B, B F, F C egales à A C, & on aura le pentagone A E B F C tel qu'il estoit requis, comme il est demonstré en la 11. p. 4.

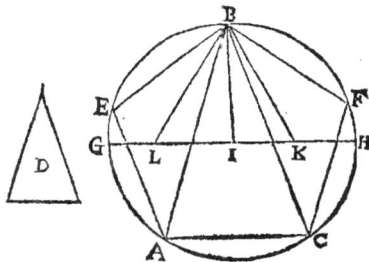

COROLL.

Il est manifeste par la demonstration de ce Probleme, que l'angle C A E du pentagone, est les ⅘ de deux droicts. Dont s'ensuit qu'estant donnée vne

I

ligne droicte, il fera aisé de faire fur icelle vn pentagone equilateral, &
equiangle auec le compas de prop. car defcriuant fur l'vne & l'autre extremité de la ligne donnée, vn angle de 108 deg. qui font les $\frac{3}{5}$ de deux droicts,
on aura incontinent le pentagone : mais fera enfeigné au Probleme fuiuant
vne autre maniere pour ce faire.

SCHOLIE.

*Le cofté du pentagone, & decagone eft trouué bien plus facilement comme
enfeigne Ptolomée en fon Al. Car il ne faut que tirer le diametre G H, & fur
iceluy la perpendiculaire B I, puis eftant couppé en deux egalement le demy
diametre I H au poinct k, & fait k L egale à B k, la ligne B L fera le cofté
du pentagone, & I L celuy du decagone.*

*Le mefme fe peut faire encore plus facilement auec le compas de propor-
tion : car ayant transferé le demy diametre du cercle donné à l'ouuerture de 60
degrés, l'ouuerture de 72 deg. donnera le cofté du pentagone.*

*Or non feulement fe trouuera iceluy cofté du pentagone auec le compas de
proportion, mais auffi le cofté de quelconque polligone infcriptible au cercle
donné : car diuifant 360 degrés par le nombre des coftez du polligone requis,
on aura au quotient le nombre des degrés; dont l'ouuerture fera le cofté du
polligone.*

PROBL. XLVI.

Sur vne ligne droicte donnée, defcrire vn pentagone equilateral
& equiangle.

Soit la ligne droicte donnée AB, fur laquelle il faille defcrire vn pentagone equilat. & equiang. Soit couppé AB en
C, en la moyenne & extreme raifon, puis foit prolongée
de part & d'autre, jufques en D, E, tellement que A D, B E foient egales au
plus grand fegment A C ; en apres de
D, A, & interuale AB foient defcrits
deux arcs s'entrecouppans en F. Item
de B, E, & du mefme interuale deux au-

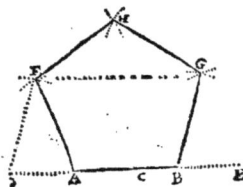

tres arcs s'entrecouppans en G , & finalement de F,G , deux
autres arcs s'entrecouppans en H , & foient iointes les lignes
AF,FH,H G,G B. Ie dis que le pentagone A F H G B defcrit fur
la ligne droicte donnée A B eft equilat. & equiang. Or qu'il
foit equilat. il appert par la conftruction, puis que toutes les
lignes font prifes egales à AB. Et qu'il foit equiangle, nous
le demonftrerons ainfi. Soit tirée la ligne D F , & le triangle
A D F fera ifofcelle, ayant vn chacun des angles de deffus la
bafe A D double de l'autre, puis que A D eft le plus grand fegment de la ligne A B, & l'vn l'autre des autres coftez egaux
à icelle A B. Parquoy l'angle D A F contiendra ⅖ de deux
droicts, & partant l'autre angle B A F contiendra ⅗ de deux
droicts. Veu donc que l'angle du pentagone equilateral &
equiangle contient les ⅗ de deux droicts, l'angle B A F, fera
l'angle du pentagone equileteral & equiangle. Par la mefme raifon, A B G fera angle d'vn pentagone equilateral &
equiangle. Dont s'enfuit que tout le pentagone eft equiangle. Car fi on l'acomplit ou qu'on l'imagine eftre complet,
c'eft à dire, que fur F G on defcriue deux autres coftez, ils
tomberont neceffairement au poinct H, autrement s'ils fe
rencontrent au deffus de H, ou au deffous, iceux coftez feroient plus grands ou moindres que F H, G H, par la 21.p.1.
ou Axiome 20. & partant ne feroient egaux aux autres coftez, ce qui eft abfurde. Donc le pentagone A B G H F eft
equilateral & equiangle. Ce qu'il falloit faire.

SCHOL.

Il fera auſsi aisé de deſcrire iceluy pentagone auec le compas de proportion,
d'autant que le triangle B A F eſt iſoſcelle, dont vn coſté eſt donné, & l'angle B A F de 108 degrés, partant fera trouuée la baſe B F, auec laquelle fera
facilement deſcrit le pentagone.

PROBL. XLVII.

Defcrire vn pentagone equilateral, & equiangle à l'entour d'vn cercle donné.

Soit le cercle donné A B C, à l'entour duquel il faut defcrire vn pentagone equi-
lateral & equiangle : dans
iceluy cercle, soit defcrit
le pentagone A E F B C ; &
apres auoir mené du cen-
tre D les 5 lignes D A, D E,
D F, D B, D C, foient me-
nées fur icelles, les 5 per-
perpendiculaires G H, H I,
I k, k L, G L lefquelles fe rencontrans és cinq poincts
G, H, I, k, L, feront le pentagone G H I k L, tel qu'il eftoit requis, dont la demonftration eft faite en la 12.p. 4.

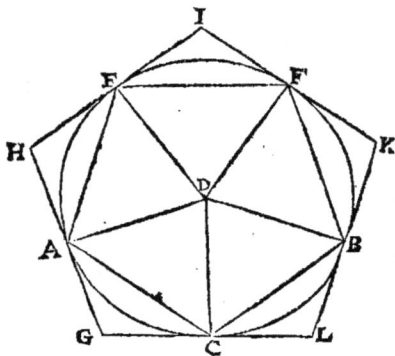

SCHOLIE.

*Eftant donné le demy diametre d'vn cercle, il fera aifé de trouuer auec le
compas de proportion le cofté du pentagone, tant infcriptible que cirfcrip-
tible au cercle, d'autant que du triangle A D E, les angles & deux coftez feront donnés, & partant le troifiéme cofté A E fera aisément trouué, & par
confequent H E cofté du triangle A H E, fera auffi trouué, dont le double
H I eft cofté du pentagone circonfcriptible au cercle.*

*Par mefme maniere fe trouueront auffi les coftez de quelque polligone que
ce foit infcriptible ou circonfcriptible audit cercle, & la perpendiculaire tirée du
centre, ou de l'vn des angles au cofté oppofite.*

PROBL. *XLVIII.*

Dans vn pentagone equiangle & equilateral, deſcrire vn cercle,
& vn autre à l'entour.

Soit le pentagone A B C D E, dans & à l'entour duquel
il faut deſcrire vn cercle: des deux angles B & C, ſoient menées perpendiculairement
aux coſtez oppoſites, les lignes B F, C G. leſquelles s'entrecouppent au poinct H,
qui ſera le centre du pentagone, duquel & de l'interuale H B, eſtant deſcrit le
cercle A B C D E, il ſera à
l'entour du pentagone, mais
de l'interuale H G eſtát deſcrit le cercle G I F, il ſera dás
le pentagone, comme il eſt demonſtré és 13. & 14. p. 4.

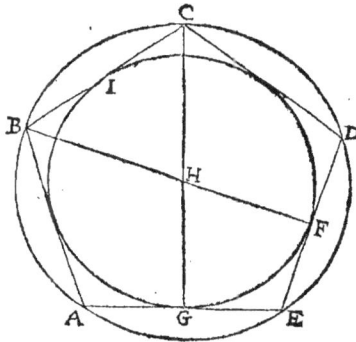

SCHOLIE.

Eſtant donné le coſté du pentagone, il ſera fort aiſé de trouuer auec le compas de proportion le diametre ou demy diametre du cercle inſcriptible ou cir-
conſcriptible audit pentagone: car les angles d'vn triangle ſeront cogneus, & vn
coſté donné.

PROBL. *XLIX.*

Dans vn cercle donné, inſcrire vn hexagone equilate-
ral, & equiangle.

Soit le cercle A B C, le centre duquel eſt D, & il faut inſ-

I iij

crire en iceluy vn hexagone
equilat. & equiang. Soit pris la
diftance du centre D iufques
à A, & foit faict A E egale à icelle interualle de A D, & foient
pareillement tirées les lignes
E B, B F, F C, C G, G A egale à la
mefme interualle, & fera faict
l'hexagone A E B F C G tel qu'il
eftoit requis, dont la demonftration eft faicte en la 1 5.
p. 4.

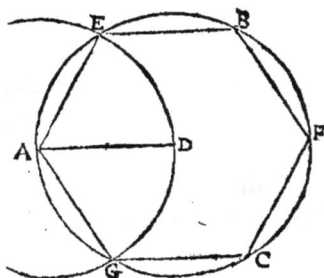

COROLL.

De la demonftration de ce Probl. appert que le cofté de l'hexagone eft
egal au demy diametre du cercle, dont s'enfuit qu'eftant donnée vne ligne
droicte, il fera tres-aifé de defcrire fur icelle vn hexagone.

AXIO. LXXIIII. Demonftré en la 7. p. 13.

Si en vn pentagone equilateral, trois angles pris comme on
voudra, font egaux, il fera equiangle.

AXIO. LXXV. Demonftré en la 8. p. 13.

Si en vn pentagone equiangle & equilateral, deux lignes droictes
tirées d'angle en angle s'entrecouppent, ce fera en la moyenne
& extreme raifon, & leurs plus grands fegmens feront egaux aux
coftez du pentagone.

AXIO. LXXVI. Demonftré en la 9. p. 13.

La ligne droicte composée du cofté de l'hexagone, & du cofté
du decagone, tous deux infcrits en vn mefme cercle, eft couppée en
la moyenne & extreme raifon, de laquelle le plus grand fegment eft
le cofté de l'hexagone.

AXIO. LXXVII. *Demonſtré en la 10. p. 13.*

Le quarré du coſté du pentagone inſcrit en vn cercle, eſt egal aux deux quarrez des coſtez du decagone, & hexagone inſcrit au meſme cercle.

AXIO. LXXVIII. *Demonſtré en la 11. p. 13.*

Si dans vn cercle ayant le diametre rationel, on inſcrit vn pentagone equilateral, le coſté d'iceluy pentagone eſt irrationel, appellé ligne mineure.

AXIO. LXXIX. *Demonſtré en la 1. p. 14.*

La ligne perpendiculaire menée du centre vers le coſté du pentagone inſcrit au cercle, eſt la moictié des deux coſtez de l'hexagone & decagone inſcrit au meſme cercle.

PROBL. L.

Dans vn cercle donné, deſcrire vn quindecagone equilateral & equiangle.

Soit le cercle donné ABC, dans lequel il faut deſcrire vn quindecagone equilateral & equiangle. Soit premierement trouué A B coſté du triangle equilateral inſcrit dans iceluy cercle, puis BD, DE deux coſtez du pentagone, & eſtant menée A E, elle ſera vn coſté du quindecagone inſcrit au meſme

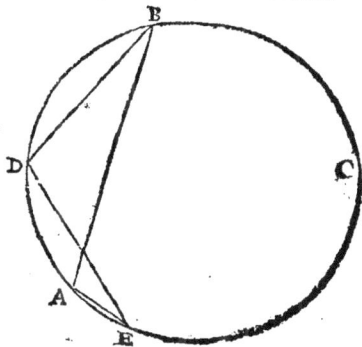

cercle, & partant si on meine encores 14 lignes dans iceluy cercle égales à icelle A E, on aura le quindecagone requis, dont la demonstration est faicte en la 16. p. 4.

DEFF.

Semblables figures rectilignes, sont celles qui ont les angles egaux, & les costez qui sont au long des angles egaux proportionaux.

AXIO. LXXX. *Demonstré en la 1. p. 12.*

Les polligones semblables inscris aux cercles, sont l'vn à l'autre comme les quarrez descrits des diametres des cercles.

AXIO. LXXXI. *demonstré en la 7. p. 5.*

Les grandeurs egalles ont mesme raison l'vne que l'autre à vne troisiesme, & ceste troisiesme aura mesme raison à deux grandeurs egalles.

AXIO. LXXXII. *demonstré en la 11. p. 5.*

Les raisons qui sont de mesme à vne sont de mesmes entr'elles.

AXIO. LXXXIII. *demonstré en la 3. p. 13.*

Les grandeurs sont entr'elles, comme sont leurs equemultipliplices entr'elles.

DEFF.

La haulteur d'vne chacune figure, est la perpendiculaire tirée du sommet à la base.

AXIO. LXXXIIII. *demonstré en la 1. p. 6.*

Les triangles, & les parallelogrammes de mesme hauteur sont l'vn à l'autre, comme leurs bases.

SCHOL.

SCHOLIE.

Nous demonstrerons icy le Theoreme suiuant.

Les triangles & parallelogrammes constituez sur bases egales, ou sur mesme base, sont entr'eux comme leurs hauteurs.

Soient deux triangles ABC, DEF, & les parallelogrammes AGBC,

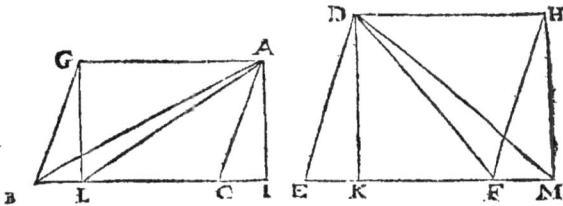

DEFH ayans les bases BC, EF egales. Ie dis que le triang. ABC est au triangle DEF, & le parallelogramme GC au parallelogramme EH, comme la hauteur AI à la hauteur DK. Car si on prend les lignes IL, KM egales aux bases BC, EF ; & sont tirées les lignes AL, DM, le triangle ALI sera egal au triangle ABC, & le triangle DKL egal au triangle DEF. Parquoy par la 7. p. 5. ou Axiome 81. comme ABC sera à DEF, ainsi ALI à DKM, mais par la 1. p. 6. ou Axiome 84. comme ALI est à DKM, ainsi AI à DK: (car si on pose les bases estre AI, Dk, les lignes LI, kM, seront les hauteurs:) donc aussi ABC sera à DEF, comme AI à Dk. Ce qu'il falloit prouuer.

Or par la 15. p. 5. ou Axiome 83. comme ABC est à DEF, ainsi le parallelog. AGBC sera au parallelog. DEFH: donc par la 11. p. 5. ou 82 axiome, AGBC sera pareillement à DEFH, comme AI à Dk. Ce qu'on peut aussi confirmer en la mesme maniere, si on tire les lignes LG, MH. Le mesme s'ensuiuroit si les triangles & les parallelogrammes auoient mesme base.

AXIO. 85. Demonstré en la 7. p. 5.

Si l'on mene vne ligne parallele à l'vn des costez d'vn triangle, icelle couppera les autres costez d'iceluy prop. & si les costez sont couppez proportionnellement, la ligne couppante sera parallele à l'autre costé.

K

AXIO. 86. *Demonſtré en la 3. p. 6.*

Si l'angle d'vn triangle eſt couppé en deux egalement, tombant la ligne couppante ſur la baſe, les ſegmens de la baſe ſeront l'vn à l'autre comme les autres coſtez : & ſi les ſegmens de la baſe ſont l'vn à l'autre comme les autres coſtez, la ligne tombante couppera l'angle en deux egalement.

AXIO. 87. *Demonſtré en la 4. p. 6.*

Les triangles equiangles ont les coſtez qui ſont au long des angles egaux, proportionaux.

COROLL.

De cecy s'enſuit, que ſi on mene vne ligne droicte parallele à vn coſté d'vn triangle, elle couppera vn triangle ſemblable à tout le triangle.

AXIO. 88. *Demonſtré en la 5. p. 6.*

Les triangles qui ont les coſtez prop. ont auſſi les angles egaux, qui ſont compris des coſtez proportionaux.

AXIO. 89. *Demonſtré en la 6. p. 6.*

Si deux triangles ont vn angle egal à vn angle, & les coſtez au long d'iceux angles egaux proportionnaux, ils ſeront equiangles.

AXIO. 90. *Demonſtré en la 7. p. 6.*

Si deux triangles ont vn angle egal à vn angle, & les coſtez au long des autres angles proportionaux, eſtans iceux autres angles de meſme eſpece ; Iceux triangles ſeront equiangles.

AXIO. 91. *Demonſtré en la 8. p. 6.*

Si de l'angle droict d'vn triangle rectangle on tire vne perpendiculaire ſur la baſe, les triangles au long de la perpendiculaire ſont ſemblables au tout & entr'eux.

COROL.

Par cecy est manifeste que la perpendiculaire tombant de l'angle droict d'vn triangle rectangle sur la base, est moyenne prop. entre les segmens de la base. Item que l'vn ou l'autre costé comprenant l'angle droict, est moyen proportionel entre toute la base, & le segment d'icelle base adjacent à iceluy costé.

AXIO. 92. *Demonstré en la 31. p. 6.*

Aux triangles rectangles, la figure descrite sur le costé qui soustient l'angle droict, est egale aux deux autres figures qui luy sont semblables, & semblablement posées sur les deux autres costez.

AXIO. 93. *Demonstré en la 32. p. 6.*

Si deux triangles ont deux costez proport. à deux costez, & sont disposez faisant vn angle de telle façon que les costez prop. soient parall. les deux autres costez se rencontreront directement.

DEF.

Figures reciproques, sont celles desquelles les costez sont alternatiuement proportionaux.

AXIO. 94. *Demonstré en la 14. p. 6.*

Les parallelogrammes egaux ont les costez reciproques: & les parallelogrammes qui ont les costez reciproques, sont egaux, moyennant qu'ils ayent vn angle egal.

AXIO. 95. *Demonstré en la 15. p. 6.*

Les triangles egaux ont les costez reciproques: & les triangles qui ont les costez reciproques sont egaux, moyennant qu'ils ayent vn angle egal.

DEF.

Raison egale, est lors qu'il y a plusieurs grandeurs d'vn costé, & autant de

l'autre en multitude, prife de deux en deux en mefme raifon, & que la premiere des premieres grandeurs eft à la derniere des mefmes, comme la premiere des fecondes eft à la derniere des mefmes.

Oubien, c'eft lors qu'on prend les extremes delaiffant les moyennes.

AXIO. 96. Demonftré en la 22. p. 5.

S'il y a tant de grandeurs qu'on voudra, & autant d'autres, prifes de deux en deux en mefme raifon ; icelles en raifon egale feront
proportionnelles.

PROBL. LI.

*Sur vne ligne droicte donnée, defcrire vne figure rectiligne fembla-
ble & femblablement pofée à vne figure rectiligne donnée.*

Soit la ligne droicte donnée A B, fur laquelle il faut faire
vne figure femblable & femblablement pofée à la figure
rectiligne dó-
née C D E F.

Soit diuifée
la figure don-
née en triangl.
par la ligne CE,
puis foit fait
fur la ligne A B
& au poinct A,
l'angle B A G
egal à l'angle
C D E : & au
poinct B, l'an-
gle A B G egal

à l'angle D C E, tellement que B G rencontre A G en G :
puis fur la ligne B G & au poinct B, foit fait l'angle G B H

egal à E C F, & au poinct G l'angle B G H egal à l'angle
C E F : & cela fait la figure A B H G sera descrite ainsi
qu'il estoit requis, dont la demonstration est faicte en
la 18. p. 6.

AVTREMENT.

Soit fait C G egale à A B, puis estant produictes les lignes C H, C I, de G soit menée G H parallele à D E, & de
H soit aussi menée H I parall. à E F, & ainsi consequem-
ment s'il y auoit d'auantage de costé : quoy fait la figure
C G H I sera descrite sur C G egale à A B, semb. & semblablement posee à la figure C D E F. Car puis que l'angle D C F est commun, & les angles C D E, C F E sont
egaux aux angles CGH, CIH par la 29. p. 1. ou axiome 6.
Item, les angles CED, CEF, aux angles CHG, CHI : c'est
à dire, que tout l'angle DEF est egal à tout l'angle GHI,
les rectilignes CDEF, C G H I, seront equiangles : Mais
aussi les costez d'alentour les angles egaux sont prop. Car
d'autant que les triangles C D E, C E F sont equiangles
aux triangles CGH, CHI, comme CD sera à DE, ainsi CG
à G H par la 4. p. 6. ou axiome 87. Item, comme C F à F E,
ainsi C I à IH. Item, comme D E est à EC, ainsi G H est à HC,
& comme E C est à E F, ainsi H C est à H I, & partant en
raison egalle, comme DE est à EF, ainsi GH à HI. Item,
comme DE est à CE, ainsi GC à CH, & comme E C est à CF,
ainsi H C à CI, & partant par raison egalle, comme D C
est à C F, ainsi G C à CI : donc les figures rectilignes
C D E F, CG H I sont sembl. & semblablement posées. Ce
qu'il falloit faire.

SCHOLIE.

Le mesme se pourra aussi faire auec le compas de proportion, trouuant premierement G H 4. proportion. aux trois CD, DE, A B : puis CH 4. proportion. aux trois CD, C E, A B, & d'icelles G H, C H, auec A B estant descrit le triangle C G H soit trouué la 4. prop. pour former des triangles semblables à ceux de la figure donnée.

D E F.

Quand trois grandeurs sont proportionelles, la premiere est dite auoir à la troisiéme, la raison doublée de celle de la deuxiéme : s'il y en a 4. la premiere est dite estre à la quarte, en raison triplée de la premiere à la seconde.

AXIO. 97. demonstré en la 19. p. 6.

Les triangles semblables sont l'vn à l'autre en raison doublée de leurs costez proportionaux.

COROLL.

De cecy est manifeste, que si trois lignes droictes sont proportion. comme la premiere est à la troisiesme, ainsi le triangle descrit sur la premiere au triangle sembl. & semblablement descrit sur la deuxiesme, ou le triangle descrit sur la deuxiesme au triangle semblable & semblablement descrit sur la troisiesme.

AXIO. 98. Demonstré en la 20. p. 6.

Les polligones semblables sont l'vn à l'autre en raison doublée de leurs costez prop. & peuuent estre diuisez en nombre egal des triangles semblables entr'eux, & proportionaux à leur tout.

COROLL.

De cecy est manifeste, que s'il y a trois lignes proportion. comme la pre-

miere eſt à la troiſieſme, ainſi le polligone deſcrit ſur la premiere ſera au
polligone ſemb. & ſemblablement deſcrit ſur la deuxieſme, où ainſi le polligone deſcrit ſur la deuxieſme au polligone ſemb. & ſemblablement deſcrit ſur la troiſieſme.

AXIO. 99. *Demonſtré en la* 21. *p.* 6.

Les figures rectilignes ſemblables à vne, ſont ſemblables entr'elles.

AXIO. 100. *Demonſtré en la* 22. *p.* 6.

Si quatre lignes ſont proportion. les figures rectilignes ſembl.
& ſemblablement deſcrites ſur icelles, ſeront auſſi prop. & ſi icelles figures ainſi deſcrites ſont proportionelles, icelles lignes ſeront
auſſi proportionelles.

D E F.

Vne raiſon eſt dicte eſtre composée de raiſons, quand elle eſt produicte
d'icelles raiſons multipliées l'vne par l'autre.

AXIO. 101. *Demonſtré en la* 23. *p.* 6.

Les parallelogrammes equiangles ſont l'vn à l'autre en raiſon
composée de leurs coſtez.

SCHOLIE.

Nous demonſtrerons icy deux theoremes, leſquels nous ſeront neceſſai-
res pour appuyer quelqu'vnes de nos demonſtrations.

Les triangles ayans vn angle egal à vn angle, ſont l'vn à l'autre
en la raiſon composée des coſtez comprenant l'angle egal.

Soient les triangles ABC, DEF ayans l'angle A egal à l'angle D. Ie
dis que la proportion du triangle ABC au triangle DEF eſt composée de celle
des coſtez, comprenant iceux angles egaux: c'eſt à dire, de la raiſon de AB à DE,

& de celle de A C à DF, ou bien de la raison de AB à DF, & de celle de AC

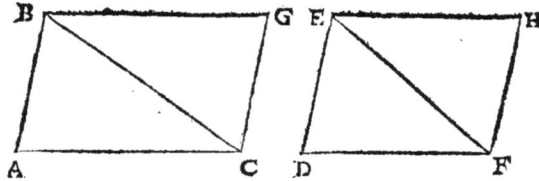

à DE. Car estant paracheué les parallelogrammes A G , DH, ils seront equiangles,& partant ils seront en raison composée de leurs costez par la 23.p. 6. ou axiome 101. donc puis que les triangles ABC, D E F sont moitiez d'iceux par la 34. p. 1. ou axiome 23. Ils seront en mesme proportion par la 15. p. 5. ou axiome 93. & partant la proportion du triangle A B C au triangle D E F sera aussi composée de la raison de A B à D E, & de la raison de A C à D F, &c. Ce qu'il falloit prouuer.

Les triangles ayans vn angle egal à vn angle, ont mesme proportion entr'eux , que les rectangles contenus des costez comprenans l'angle egal.

Soient les triangles A B C, D E F ayans l'angle B egal à l'angle E. Ie dis que le triangle A B C est au triangle D E F , comme le rectangle de A B , B C est au rectangle de D E , E F. Car par le precedent theoreme la proportion du triangle A B C au triangle D E F est composée des proportions de A B à D E , & de B C à E F: mais par la 23. p. 6. la proportion du rectangle de A B, B C, au rectangle de D E , E F est aussi composée des mesmes raisons de A B à D E , & B C à E F. Donc le triangle A B C sera au triangle D E F, comme le rectangle de A B, B C au rectangle de D E, E F. Ce qu'il falloit demonster.

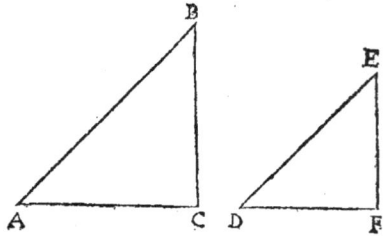

A X I O.

AXIO. 102. *Demonſtré en la* 24. *p.* 6.

En tout parall. les parallelogrammes deſcrits ſur le diametre ayant vn angle commun au total, ſont ſemblables entr'eux & au total.

AXIO. 103. *Demonſtré en la* 26. *p.* 6.

Si d'vn parallelogramme on oſte vn parallelogramme ſemblable & ſemblablement poſé au tout, ayant vn angle commun auec le tout, l'oſté ſera auec le tout ſur vn meſme diametre.

PROBL. LII.

Deſcrire vne figure rectiligne ſemblable à vne autre donnée,
& egale à vne autre propoſée.

Soient donnnées deux figures rectilignes A B C & D: & il conuient faire vne figure ſem-blable à celle de A B C : mais egale à celle de D. Sur la ligne A C ſoit fait le parallelogramme rect. A F egal à la figure rectilig. A B C. Item ſur la ligne A E ſoit deſcrit le parallelogramme rect. H A egal à la figure D. puis ſoit trouué A I moyenne proportionelle entre G A, A C : & fi-nalement ſoit deſcrit ſur ladite ligne A I vne figure ſem-blable à la donnée A B C, & on aura A I k pour la figure re-quiſe, comme il eſt demonſtré en la 25. p. 6.

SCHOLIE.

Les coſtez de la figure A I k ſe trouueront auſsi auec le compas de pro-portion, ſçauoir eſt trouuant: le coſté A E du rectangle egal à A B C, & auſsi A G autre coſté du rectangle H A egal à D, puis la moyenne proportionelle A I, & finalement les coſtez A k, I k.

L

DEFI.

Vn parallelogramme appliqué selon quelque ligne droicte, est dit deffaill-
ir d'vn parallelogramme, lors qu'il ne peut occuper entierement la ligne;
mais excedder quand il occuppe vne plus grande ligne que celle selon laquelle
il est appliqué, en telle sorte toutesfois que le parallelogramme deffaillant ou
exceddant, ait vne mesme hauteur que le parallelogramme appliqué, & con-
stituë auec iceluy vn seul parallelogramme.

AXIO. 104. Demonstré en la 27. p. 6.

De tousles parallelogrammes descrits sur vne mesme ligne, &
deffaillant à icelle d'vn parallelogramme semblable à vn autre descrit sur la moitié de la mesme ligne, le plusgrand est celuy qui est
descrit sur l'autre moitié de la ligne.

PROBL. LIII.

Sur vne ligne droicte donnée, appliquer vn parallelogramme def-
faillant d'vn parallelogramme semblable à vn autre donné, &
egal à vne figure rectiligne donnée, laquelle ne soit plus
grande que le parallelogramme descrit sur la moitié de
la ligne & semblable au donné.

Soit la lignedroicte donnée A B, sur laquelle il faut appliquer vn parallelogr.
deffaillant d'vn paral-
logramme semblable
au parallelogrammeC,
mais egal au rectiligne
donné D. Soit la ligne
A B couppée en deux
egalement en E, & sur

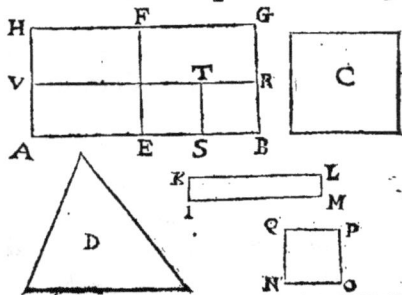

la moitié E B, soit descrit le parallelogramme E G semblable à C, puis soit accomply le parallelogramme A B G H: maintenant si A F est egal à D, on a ce qu'on demande: (ce qui se cognoistra reduisant D en parallelogramme, & sur la ligne A E) Que s'il n'est egal à D, il sera plus grand, car il ne peut estre moindre par l'hypot. soit alors trouué l'excés I k L M, puis soit descrit le parallelog. N P semblable & semblablement posé à C ou à EG, mais egal à l'excez trouué I L. En apres de B G, B E, soient couppées B R, B S: egales aux costez O P, O N: puis soit paracheué le parallelogramme B R T S, lequel sera egal à iceluy N P, mais semblable & semblablement posé au tout E G: & apres auoir continué R T iusques en V, le parallelogramme A T sera celuy requis, comme il est demonstré en la 28. p. 6.

SCHOLIE.

Les costez au parallelogramme A T seront aussi trouuez auec le compas de proportion. Car estant A B couppée en deux egalement, & trouuée B G 4. prop. à celles de C, & E B, sera trouué puis apres l'vn des costez de l'excez I k, & l'autre est egal à A E: puis estant trouué par le Scholie du Probl. precedent, les deux costez N O, O P, soient retranchées de B A, B G, les lignes B S, B R egales à O P, N O, & on aura A S, & S T, qui est egale à B R, pour les costez du parallelogramme requis.

PROBL. LIV.

Sur vne ligne droicte donnée, appliquer vn parallelogramme egal à vn rectiligne donné, excedant d'vn parallelogramme semblable à vn autre donné.

Soit A B la ligne donnée, & le rectiligne donné soit C: & il faut sur icelle A B appliquer vn parallelogramme egal

au rectiligne C, excedant d'vn parallelogramme femblable au parallelogramme donné D.

Soit A B coup-
pée en deux egale-
ment en E, & fur la
moitié E B foit def-
crit le parallelogrã-
me E G femblable à
D, puis foit fait le
parallelogram. H K
egal aux deux D &
E G, & femblable

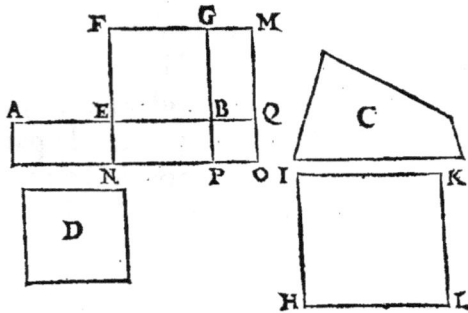

à l'vn d'iceux : & d'autant que les coftez d'iceluy font
plus grands que F G, F E, foient iceux prolongez à l'egal
de K L, LH, & eftant acheué le parallelogramme F O, foit
prolongé G B & A B jufques en *P,Q,* & paracheuant le
parallelogramme A O, iceluy fera egal au rectiligne C, &
appliqué felon la ligne A B, excedant du parallelogramme
B O femblable au donné D, comme il eft demonftré en
la 2 4. prop. 6.

SCHOLIE.

Il eft euident que les coftez du parallelogramme A O feront auffi trouués
auec le compas de proportion : Car premierement fera trouué B G quatriéme
proportionelle aux coftez de D, & à E B : puis feront trouués les coftez H I, I K,
du parallelogramme H K : & eftant ofté de H L, B E, reftera le cofté E N ou Q O
fon egal, mais eftant adiointé H L à A E, on aura l'autre cofté A Q.

PROBL. *LV.*

Eftant donné vn parallelogramme, le diuifer en tant de parties ega-
les qu'on voudra par lignes paralleles aux deux coftez oppofites.

Soit le parallelogramme donné A B C D, qu'il faut diui-

uiſer en cinq parties egales par lignes paralleles aux deux
coſtés oppoſites AB, DC. Soit di-
uiſé l'vn des deux autres coſtés,
ſçauoir A D en 5. parties egales
aux points E, F, G, H, puis d'iceux
ſoient menées EI, FK, GL, & HM,
paralleles à icelle A B, & le parallelográme A C ſera couppé par
icelles paralleles ainſi qu'il eſtoit requis : car les parallelogrammes A I, E K, F L, G M & H C, ſont egaux par la 38. p. 1.
ou 1. p. 6. qui ſont les Axiomes 27. & 84. Ce qu'il falloit
faire.

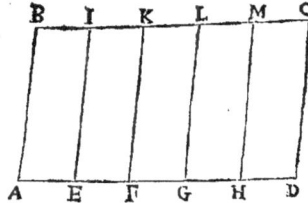

PROBL. *LVI.*

*Diuiſer vn parallelogramme en deux egalement par vne ligne
droicte tirée d'vn poinct donné, ſoit ou dehors ou dedans
iceluy, ou au coſté.*

Soit le parallelogramme A B C D, qu'il faut premierement coupper en deux egalement par vne ligne droicte
tirée du poinct E hors d'iceluy. Soit tiré le
le diametre A C, & ſoit couppé iceluy en
deux egalement en F, puis de E par F ſoit
menée E G, & elle couppera le parallelogramme donné en deux egalement : Car
d'autant que par la 29. p. 1. ou Axiome 6. l'angle C G F eſt
egal à l'angle A H F, & par la 15. p. 1. ou Axiome 3. l'angle
C F G eſt egal à l'angle A F E, & le coſté A F egal au coſté C F,
les coſtez G F, F H, ſeront egaux par la 26. p. 1. ou Axiome
14. & par la 4. p. 1. les triangles G F C, A F H ſeront auſſi

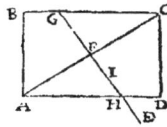

egaux, donc leur adiouſtant le trapeſe commun A B G F, le triangle A B C ſera egal au trapeſe A B G H; mais le triangle B A C eſt moitié du parallelogramme A B C D, par la 34. p. 1. ou 23. Axiome, donc auſſi le trapeſe A B G H ſera moitié d'iceluy parallelogramme.

En la meſme maniere on diuiſera le parallelogramme en deux egalement, par la ligne H I G, menée par le poinct interieur I, ou bien du poinct H au coſté.

PROBL. LVII.

Sur vne ligne droicte donnée, deſcrire vn triangle ayant deux an-gles egaux à deux angles donnez, mais il faut qu'ils ſoient moindres que deux droicts.

Or les deux angles donnez ſe deuront faire tous deux ſur la baſe, ou bien vn ſeulement: qu'il faille donc premie-rement faire ſur la ligne A B donnée, vn triangle ayant les deux angles ſur la baſe egale aux deux dónez C & D. Soient faits ſur ladite lig. A B les deux angles B A E, A B E, egaux aux deux donnez, continuant les lign. juſques à ce qu'elles ſ'en-trecouppent en E, & ſera fait le triangle A E B, tel qu'il eſtoit requis, comme il eſt manifeſte par la conſtruction.

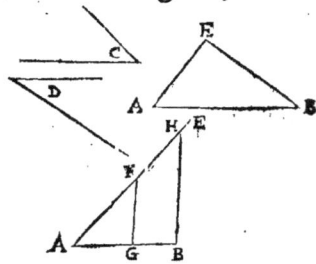

Secondement, qu'il faille faire ſur A B vn angle egal à C, & celuy du ſommet egal à D. Soit fait au poinct A l'an-gle B *A* E egal à C, puis ſur *A* E comme au poinct *F*, ſoit fait l'angle *A* F G egal à *D*: & d'autant que la ligne *F* G ne s'eſt rencontrée à l'extremité B, ſoit d'iceluy poinct B me-

née *B H* parallele à *G H*, & le triangle *A H B* sera tel qu'il
estoit requis. Car par la construction l'angle *A* est egal à *C*:
& veu que les lignes *F G*, *H B*, sont paralleles, les angles
A F G, *A H B*, sont egaux par la 29. p. 1. ou 6. Axiome, mais
A F G par la construction est egal à *D*. Donc aussi l'angle
A H B est egal à *D*. Ce qu'il falloit faire.

SCHOL.

*Les donnés estans en nombres, on descrira aussi facilement le triangle : car
les trois angles d'iceluy seront cogneus, & par consequent on n'aura qu'à descrire sur* A & B *deux angles egaux à ceux de dessus la base, & on formera
le triangle.*

*Or nous mettrons icy comment estans cogneus deux angles & vn costé
d'vn triangle, nous cognoistrons les deux autres costez.*

*Soient premierement trouvés les Sinus d'vn chacun angle du triangle,
puis apres soient faites deux regles de trois au premier terme de chacune desquelles soit mis le Sinus de l'angle opposé au costé donné, au deuxiéme lieu
iceluy costé donné, & au troisiéme terme le Sinus de l'angle opposé au costé
qu'on voudra trouver, & viendra au produict de chacune regle de trois le
costé requis.*

*Autrement, si le triangle donné est oxigone, ou bien s'il est ambligone, &
que le costé donné soit l'vn des deux comprenant l'angle obtus, vous ouvri-
rez le compas de proportion de la grandeur de l'vn des angles aigus, puis soit
trouvé la perpendiculaire tombant du nombre des parties du costé donné sur
la iambe opposite, & ayant ouvert le compas de proportion de la grandeur de
l'autre angle aigu, soit pris la perpendiculaire trouvée auec le simple compas,
& soit posé l'vne des poinctes d'iceluy sur l'vne des iambes dudit compas de
proportion, sur tel nombre que l'autre poincte tombe perpendiculairement sur
l'autre iambe, & ce nombre là sera le nombre des parties de l'vn des costez
incogneus, & prenant auec le simple compas le nombre du costé donné, & posant l'vne des poinctes sur l'vne des iambes au dernier nombre trouvé, le
nombre sur lequel ira tomber l'autre poincte dudit simple compas sur l'autre
iambe, sera celuy des parties de l'autre costé demandé. Mais le triangle estant
ambligone, & que le costé opposite à l'angle obtus soit celuy donné, il faudra
trouver la perpendiculaire, puis ayant ouvert le compas du complément, ache-*

uer comme deſſus.

   Autrement, il faudra doubler les nombre des angles donnés, (obſer-uant que s'il y en a d'obtus, de prendre le complément au lieu d'iceluy) puis fai-re deux regles de trois ſur le coſté des degrés, mettant au premier terme de chacune d'icelle le double de l'angle oppoſé au coſté donné, au deuxieſme ter-me iceluy coſté donné, & au troiſieſme terme le double de l'angle oppoſé au coſté qu'on voudra trouuer, & viendront les coſteᵹ requis : c'eſt à dire, qu'ayant mis le coſté cogneu à l'ouuerture du double des degreᵹ deſdits an-gles oppoſeᵹ, l'ouuerture du double de chacun des deux autres angles, don-nera ſon coſté oppoſé.

PROBL. LVIII.

Eſtant donnée la baſe d'vn triangle, vn angle de deſſus icelle, & la hauteur d'iceluy triangle, trouuer le triangle.

Soit donné A B, ſur laquelle il faut deſcrire vn triangle ayant vn angle au deſſus d'icelle egal à l'angle C, & que la hauteur d'iceluy triangle ſoit egale à D.
Soit fait au poinct A l'angle B A E egal au donné C, puis ſoit à iceluy poinct A eſleuée la perpendiculaire A F egale à D, & du poinct F ſoit menée E F parallele à A B, juſques à ce qu'elle rencontre A E interminée, & eſtant tirée E B, le triangle A E B ſera le requis. Car par la conſtruction, l'angle B A E eſt egal à C, & ayant mené E G parallele à F A, elle luy ſera auſſi egale par la 34. p.1. ou axio-me 23. mais icelle F A eſt egale à D, donc auſſi E G qui eſt la hauteur du triangle A B E. Ce qu'il falloit faire,

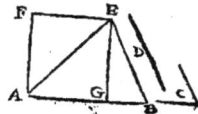

SCHOLIE.

Nous pourrons trouuer auſſi les coſteᵹ du triangle auec le compas de pro-portion, ſoit que les données ſoient declarées en lignes ſimplement, ou qu'ils
                                          ſoient

foient fpecifiées par nombres, comme pour exemple. Soit A B de 50, D de 29, & l'angle C de 45 : deg. & il faut trouuer les deux autres coftez du triangle: premierement foit ouuert le compas de proportion de 45 degrés, puis foit portée D à tel poinct de l'vne des iambes, qu'elle tombe perpendiculairement fur l'autre iambe, & trouuant que c'eft du nombre 41, tel fera le cofté A E; & prenant l'ouuerture de 41 & 50, on aura le cofté E B de 30 $\frac{2}{3}$, ou enuiron.

PROBL. LIX.

Eftans donnés les deux coftés d'vn triangle, & l'vn des angles de deffus la bafe; trouuer le triangle.

Soient A & B les deux coftez d'vn triangle, & C l'vn des angles de deffus la bafe: & il faut defcrire le triangle, foit tirée la ligne D E inde-terminée, & fur icelle au poinct D, foit fait l'ang. EDF egal à C, puis ayant fait D F egale à A, du centre F, & in-teruale B, foit defcrit vn arc, qui couppe D E en E : quoy fait foit tirée la ligne droicte F E, & le triangle D E F fera le requis, comme il eft mani-fefte par la conftruction.

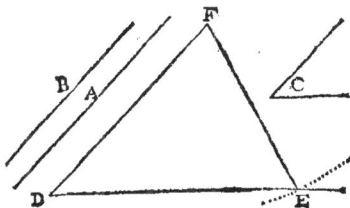

SCHOL.

La bafe D E fera auſſi trouuée auec le compas de proportion: car iceluy compas eſtant ouuert de l'angle donné, il ne faudra que prendre le coſté oppoſé à l'angle donné, & poſant l'vne des poinctes du ſimple compas à l'extremité de l'autre coſté, ou l'autre poincte ira tomber ſur l'autre iambe, ſera mon-ſtré la grandeur de la baſe.

Que ſi les deux angles cogneus eſtoient auſſi requis, ils feront aiſément trouués, par ce qui a eſté enfeigné au Scholie du Probleme 9.

M

PROBL. LX.

D'vne ligne droiƈte donnée, oſter la partie demandée.

Soit la ligne droiƈte donnée AB, de laquelle il faut oſter
la cinquiéme partie. Du poinƈt
A ſoit menée la ligne A C tant
grande qu'on voudra, faiſant angle auec A B, & en icelle A C ſoiët
priſes cinq grandeurs egales, ſçauoir A D, D E, E F, F G & G H, &
apres auoir mené B H du poinƈt
D, ſoit menée la ligne DI parallele
à H B, & A I ſera la cinquiéme partie de la ligne A B requiſe
à coupper. Ce qui eſt demonſtré à la 9. p. 6.

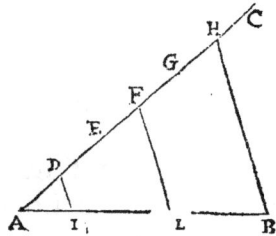

SCHOLIE.

Nous ferons la meſme choſe auec le compas proportion, prenant ladite ligne
AB & la portant à l'ouuerture d'vn nombre qui ait la partie requiſe, comme
en cét exemple, où eſt requis la cinquiéme partie, ſoit poſée icelle AB à l'ouuerture de 100, & prenant l'ouuerture de 20, qui eſt la cinquiéme partie de
100 : nous aurons la cinquiéme partie d'icelle AB.

Que s'il euſt fallu oſter de ladite ligne AB pluſieurs parties, comme pour
exemple ⅗, il euſt falu tirer la parallele FL, & le ſegment AL euſté les ⅗ parties de ladite AB. Ou bien prendre au compas de proportion l'ouuerture de
60, qui ſont les ⅗ de 100, à l'ouuerture deſquels a eſté transferée ladite ligne AB.

COROLL.

Par les choſes deſſuſdites, il eſt euident qu'eſtant propoſé à coupper vne
ligne droiƈte en tant de parties egales qu'on voudra, il ſera aiſé de ce faire
tant Geometriquement que mechaniquement, auec le compas de prop.
Or outre la maniere cy deſſus declarée, pour coupper vne ligne droiƈte

en tant de parties egales qu'on voudra, & delaiſſant pluſieurs autres manieres, nous adjouſterons encore la ſuiuante.

PROBL. LXI.

Eſtant donnée vne ligne droicte, la coupper en tant de parties
egales qu'on voudra.

Soit la ligne donnée *A B*, qu'il faut coupper en cinq
parties egales: de l'extremité *A* ſoit menée la ligne *A C* tant
qu'il ſera de beſoin,
faiſant ang. auec *A B*,
puis de l'extremité
B ſoit menée *B D* pa-
rallele à *A C*, & de
A C ſoient couppées
quatre parties egales *A E, E F, F G* & *G H*, qui eſt vne partie moins que celles eſquelles il faut coupper la ligne donnée, & du poinct *B* en *B D*, ſoient prinſes auſſi les quatre
parties *B I, I L, L M, M N*, egales à celles de la ligne *A C*:
puis eſtant menées les lignes *E M, F L, G K* & *H I*, elles
coupperont la ligne *A B* en cinq parties egales. Car puis
que les lignes *E F, M L* ſont paralleles entr'elles, par la 33.
p. 1. *M E, L F*, ſeront auſſi paralleles entr'elles: & par meſme
raiſon *L F, K G, H I*, ſeront pareillement paralleles. Veu
donc que *A H* eſt couppée en quatre parties egales, *A Q*
le ſera auſſi. par meſme raiſon *B N* ſera encore diuiſée en
quatre parties egales, par ce que *B M* a eſté couppée en autant de parties egales. Parquoy veu que tant *A N* que *B Q*
ſont egales à chaſque parties, *N O, O P, P Q*: toutes les cinq
parties *A N, N O, O P*, & *Q B*, ſeront egales entr'elles. Ce
qu'il falloit faire.

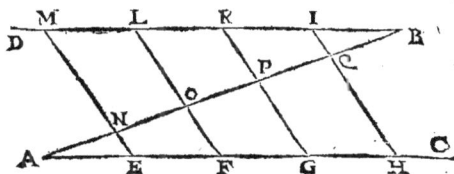

M ij

PROBL. LXII.

Coupper semblablement vne ligne droicte donnée non couppée, à vne autre ligne droicte donnée & couppée.

Soit la ligne droicte donnée & couppée *A C*, sçauoir est en *D,E,* & la ligne non couppée *A B*, laquelle il faut coupper en parties semblables & proportionelles aux parties de la couppée. Soient accommodées icelles lignes données, en sorte qu'elles fassent vn angle *B A C*, & apres auoir conioint *B C*, soient menées *DF, EG*, paralleles à *B C*, & *A B* sera semblablement couppée en *F* & *G*, comme est couppée *A C* en *D* & *E*, ainsi qu'il est demonstré en la 10. p. 6.

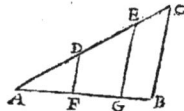

SCHOLIE.

Le mesme se fera aisément auec le compas de proportion, appliquant la ligne couppée sur iceluy, & faisant l'ouuerture de l'extremité d'icelle ligne couppée de la grandeur de la non couppée, & prenant puis apres les ouuertures des parties de la ligne couppée, & les transferant sur la non couppée.

PROBL. LXIII.

D'vn poinct donné en l'vn des costez d'vn triangle proposé, tirer vne ligne droicte qui couppe le triangle en deux egalement.

Soit le triangle *A B C*, & le poinct donné D au costé A C: & il faut de D mener vne ligne droicte qui couppe le triangle en deux parties egales.

Que si le poinct D couppe A C en deux egalement, ayant mené D B, elle couppera le triangle en deux parties egalement: Mais si D ne diuise A C en deux egalement, soit icelle A C couppée en deux egalement en E, & d'iceluy soit menée E F parallele à D B, couppant B C en F, & ayant conjoint D F, le triãgle A B C sera couppé en deux egalement par icelle D F. Car ayant mené B E, les triangles F D E, E B F, seront egaux, par la 38. p. 1. ou Axiome 27, puis qu'ils sont sur mesme base E F, & entre mesmes paralleles E F, D B : Adjoustant donc le commun C E F, les tous B E C, C D F, seront egaux : mais B E C est la moitié du tout A B C, donc aussi C D F est la moitié du mesme triangle A B C. Ce qu'il falloit faire.

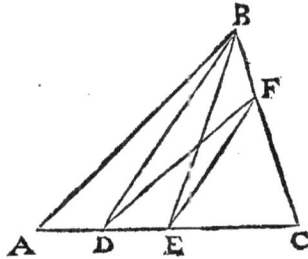

SCHOLIE.

Il sera aussi fort aisé de trouuer le poinct F, par le moyen du compas de proportion: Car ayant couppé A C en deux egalement en E. Il ne faut que trouuer C F 4. proportionelle aux trois C D, C E, B C.

PROBL. LXIV.

Coupper vne ligne droicte donnée en deux parties, qui soient entr'elles selon vne raison donnée.

Soit la ligne droicte donnée A B, qu'il faut coupper en deux parties, qui ayent telle raison entr'elles, que C à D : du poinct A, soit menée A E faisant angle auec A B, & d'i-

celle A E ſoit couppée A F egale à C, & F G egale à D, en apres
ſoit menée B G, & eſtant tirée
H F parallele à icelle G B, la ligne A B ſera couppée en H
ſelon la raiſon de C à D : comme il eſt euident par la 2. p. 6.
Ce qu'il falloit faire.

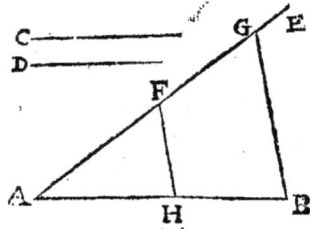

SCHOLIE.

Le meſme ſe fera auſſi auec le compas de proportion, ſçauoir eſt transferant la raiſon donnée ſur l'vne des iambes, & poſant à l'ouuerture de l'extremité d'icelle, la ligne A B, & l'ouuerture de l'extremité de C donnera le ſegment A H.

DEF.

Raiſon compoſée, eſt lors qu'on prend l'antecedent auec le conſequent comme vne meſme choſe, pour le comparer au meſme conſequent.

Mais raiſon diuiſée, eſt lors qu'on prend l'excés par lequel l'antecedent ſurpaſſe le conſequent pour le comparer à icelny meſme conſequent.

AXIO. 105. *Demonſtré en la 17. p. 5.*

Si les grandeurs compoſées ſont proportionelles, icelles diuiſées ſeront auſſi proportionelles.

AXIO. 106. *Demonſtré en la 18. p. 5.*

Si les grandeurs diuiſées ſont proportionelles, icelles compoſées ſeront auſſi proportionelles.

PROBL. LXV.

D'vn poinct donné au coſté d'vn triangle, mener vne ligne droicte qui diuiſe le triangle en deux ſegmens, ſelon vne raiſon donnée.

Soit le triangle A B C, & le poinct donné D, duquel il

faut mener vne ligne droicte qui diuise ledit triangle en
deux segmens, selon la raison de E à F, Soit diuisée A C selon la raison donnée en G, puis ayant mené D B soit menée G H parallele à icelle, & soit tirée D H, & icelle couppera le triangle en deux segmens, qui seront entr'eux selon la raison donnée : Car estant tirée G B, les triangles
G H D , G H B, seront egaux par la 37. p. 1. ou Axiome 37:
veu qu'ils sont sur mesme base, & entre
mesmes paralleles, & adjoustant le commun A H G, les touts A H D, A B G, seront
aussi egaux : parquoy comme A B C sera
à A B G, ainsi aussi à A H D, par la 7. p. 5.
ou Axiome 81. Donc en diuisant G B C sera à A B G, ainsi
que le trapese C D H B , au triangle D H A, par la 17. p. 5.
qui est l'Axiome 105. & en changeant comme A B G à
G B C, ainsi A H D au trapese C D H B. mais par la 1. p. 6.
ou Axiome 84. A B G est à G B C, comme *A G à G* C: donc
aussi *A H D* sera au trapese C D H B , comme A G à G C,
c'est à dire comme E à F. Ce qu'il falloit faire.

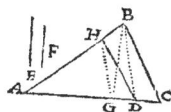

SCHOLIE.

Il sera aisé de trouuer auec le compas de proportion le poinct H , pour
d'iceluy tirer la ligne HD requise: Car il ne faudra que coupper A C en G, se-
lon la raison donnée: puis trouuer A H quatriéme proportionelle aux trois
A D , A G , A B.

PROBL. LXV.

D'vn angle d'vn triang. mener vne ligne droicte qui diuise le trian-
gle selon vne raison donnée.

Soit le triangle ABC, & il faut de l'angle B mener vne li-

gne droicte qui diuife le triangle felon la raifon de D à E.
Soit couppé A C cofté oppofite à l'angle B en F, felon la raifon de D à E, puis
foit menée BF, & icelle diuifera le triangle, felon le requis, comme il eft euident
par la 1. p. 6. Ce qu'il falloit faire.

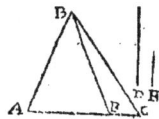

SCHOLIE.

Le poinct F fera auffi trouué auec le compas de proportion, veu qu'a-
uec iceluy fe peut faire la mefme conftruction que deffus.

PROBL. LXVII.

Diuifer vn triangle en tant de parties egales qu'on voudra, d'vn
poinct donné en l'vn de fes coftez.

Soit le triangle A B C, & le poinct donné D au cofté A C,
& il faut d'iceluy poinct D diuifer le triangle en quatre parties egales. Soit menée D B, & couppé A C en quatre parties
egales és poincts E, F, G, & d'iceux foient menées EH, FI, &
G k paralleles à DB, & ayant mené D H,
I D, D k, le triangle A B C fera diuifé en
quatre parties egales. Car il eft mani-
fefte par ce qui a efté demonftré au 65.
probleme, que le triangle A D H eft vn
quart de tout le triangle donné : c'eft
à dire que le triangle A D H eft au triangle A B C, comme
A E à A C : mais que le triangle A I D eft la moitié de tout le
triangle A B C, c'eft à dire que le triangle A I D eft au triangle A B C, comme A F à A C. Finalement que le quadrilataire A B k D comprend les trois quarts de tout le triangle;
c'eft

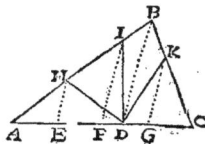

c'est à dire que A B k D est au triang. A B C comme AG à A C, dont s'ensuit que D k C est vn quart du mesme triangle A B C. Ce qu'il falloit faire.

SCHOL.

Les trois poincts H, I, k, seront aussi trouuez auec le compas de propor-tion, sçauoir est, couppant A C en quatre parties egales és poincts E, F, G, puis trouuant la quatriéme proportionelle A H, aux trois A D, A E, A B ; & A I aux trois A D, A F, A B ; & C k aux trois C D, C G, C B.

PROBL. LXVIII.

Diuiser vn triangle donné en autant de parties egales qu'on vou-dra, par lignes paralleles à l'vn de ses costez.

Soit le triangle *A* B C, qu'il faut diuiser en trois parties egales par lignes paralleles au costé A C : soit couppé A B en trois parties egales és poincts D & E : puis par le 41. probleme soit trouvé B F moyen-ne proportionelle, entre A B & B E, puis de-rechef *B* G, moyenne proportionelle entre A *B* & B D. Finalement ayant tiré de F & G les lignes F H, G I paralleles à A C, le trian-gle A *B* C sera diuisé en trois parties egales : Car d'autant que le triangle *F B H* est sem-blable au triangle A *B* C, par le Corollaire de la 4. p. 6. les triangles ABC, FBH, seront entr'eux comme AB à BE, par le Cor. de la 19. p. 6. pource que les trois AB, BF, BE, sont costez proportionels : mais B E est vn tiers de A B, donc aussi le triangle F B H est le tiers du triangle A B C. Nous demonstrerons en la mesme maniere, que le triangle A B C est au triang. G *B* I comme A *B* à *B* D : car les trois

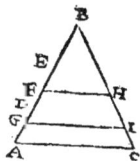

N

A B, B G, B D, font auſſi coſtez proportionels. Parquoy,
veu que B D contient les deux tiers de A B, auſſi le triangle G B I contiendra les deux tiers du triang. ABC, & partant puis que le triangle FBH eſt vn tiers du triang. A B C,
le quadrilataire G F H I eſt auſſi vn tiers du meſme triangle A B C, & par conſequent l'autre quadrilataire A G I C
eſt l'autre tiers d'iceluy triangle ABC. Ce qu'il falloit faire.

SCHOLIE.

*Faiſant la meſme conſtruction auec le compas de proportion, on trouue-
ra auſſi les poincts F & G, deſquels eſtans tirées les paralleles F H, G I, on
aura le requis.*

*Que ſi on vouloit diuiſer le triangle ſelon quelque raiſon donnée, il ne
faudroit que coupper A B ſelon icelle raiſon, puis apres paracheuer le tout
comme deſſus.*

PROBL. LXIX.

*D'vn rectiligne donné, oſter vne partie demandée en telle ſorte
toutesfois, que l'oſté & auſſi ce qui reſtera ſoit ſemblable
& ſemblablement poſé à vn rectiligne donné.*

Soit le rectiligne donné A, duquel il faut oſter la troiſiéme partie, laquelle ſoit ſemblable & ſemblablement poſée au rectiligne
B, & le reſte ſoit
auſſi ſemblable &
ſemblablement
poſé au meſme
rectiligne B. Soit
conſtruict le re-
ctiligne C D egal à A, mais ſemblable & ſemblablement

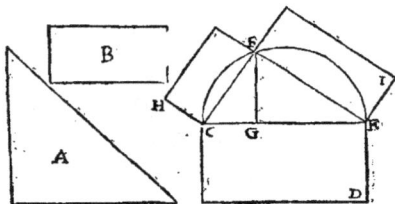

posé à B, & sur son costé C E soit descrit vn demy cercle
C F E ; puis ayant pris C G troisiéme partie de C B, soit tirée
G F perpendiculaire à C E, & estant tirées les lignes C F, E F,
soient construits sur icelles les rectilignes H F & F I semblables & semblablement posés à B ou C D. Ie dis que le rectiligne H F est la troisiéme partie de C D ou de A, & le rectiligne F I le reste ; & icelles figures estre semblables &
semblablement posées à B : Car puis que par la 31. p. 3. ou
1. Axiome, l'angle C F E est droict, le rectilig. C D sera egal
aux rectilignes H F, F I, par la 31. p. 6. qui est l'Axiome 92.
& partant si on oste le rectiligne H F semblable & semblablement posé à B de C D, c'est à dire de A, restera le rectiligne FI, aussi semblable & semblablemēt posé à iceluy B. Or
par la 8. p. 6. & 91. Axiome, les triangles E G F, C F E, sont
semblables, & partant par la 4. p. 6. ou Axiome 87. comme
E G à GF, ainsi E F à C F : mais E G est à G C en raison doublée
de E G à G F ; car les trois lignes E G, G F, C G, sont proportionelles par le Corollaire de ladite 8. p. 6. Item le rectiligne I F
est aussi au rectiligne H F en raison doublée des costez homologues E F, C F, par la 20. p. 6. qui est l'Axiome 98. & partant comme E G à C G, ainsi le rectiligne F I au rectilig. H F :
donc en composant comme C E à C G, ainsi les deux rectilignes F I, H F ensemble : c'est à dire C D au rectiligne H F ;
mais C E est triple de C G par la construction : donc aussi le
rectiligne C D sera triple du rectiligne H F ; & partant
iceluy H F est la troisiéme partie de C D, ou de A. Ce qu'il
falloit faire.

SCHOL.

Les costez des deux rectilignes HF, FI, seront aussi trouuez auec le com-
pas de proportion, sçauoir est trouuant premierement les costez de CD, puis

ayant couppé C G, trouuant G F moyenne proportionelle, puis apres C F, &
F E : & finablement C H, & E I.

PROBL. LXX.

Estans données deux figures rectilignes, en trouuer vne troisiéme
à icelles proportionelles.

Soient donnés les deux rectilignes *A* & *B C D*, auf-
quels il en faut trou-
uer vn troisiesme pro-
portionel, soit constitué
le rectiligne *E F G*, egal
à *A*, mais semblable &
semblablement posé à *B C D*, puis soit trouué *H I* troisiesme proportion. aux costez homologues E F, BC, & estans
sur icelle *H I* constitué le rectiligne *H I K*, semblable &
semblablement posé à *B C D*; iceluy sera troisiéme proportionel aux donnés : Car puis que *E F, BC, HI*, sont proportionels, les rectilignes *E F G, B C D, H I K*, descrites sur
icelles lignes, seront aussi proportionels par la 22. p. 6. qui
est le 100. Axiome : donc puis que *E F G* est egal à *A*, les rectilignes *A, B C D, H I K* seront aussi proportionels. Ce
qu'il falloit faire.

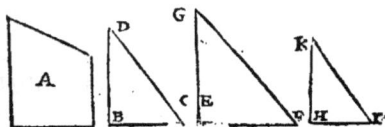

SCHOLIE.

Veu que la mesme construction que dessus, se peut faire auec le compas
de proportion, les costez du rectiligne H I k seront trouués auec iceluy.

PROBL. LXXI.

Estans donnés trois rectilignes, en trouuer vn 4. proport. à iceux.

Soient les trois rectilign. donnés A, BCD, EFG, ausquels

il en faut trouuer vn quatriéme proportionel. Soit côstruit le rectiligne H KI egal à A, mais semblable & semblablement posé à B D, puis estant trouué L M quatriéme proportionel aux trois lignes I H, B C, E F, soit construit sur icelle LM, le rectiligne L N M semblable & semblablemét posé à E G F, & iceluy sera le quatriéme proportionel requis : Car puis que les 4.

lignes H I, BC, EF, LM, sont proportioneles, les figures sêblables & semblablement posées sur

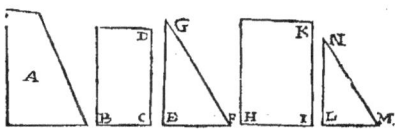

icelles, seront aussi proportionelles par la 22. p. 6. ou Axiome 100. Veu donc que H K est egal à A, les quatre rectilignes A, B D, E G F, L N M, seront aussi proportionels. Ce qu'il falloit faire.

SCHOLIE.

Veu que la mesme construction que dessus, se peut faire auec le compas de proportion, les costez du rectiligne NO P seront trouuez auec iceluy.

PROBL. LXXII.

Estans donnés deux rectilignes, en trouuer vn moyen proportionel.

Soient donnés les deux rectilignes A & B D, ausquels il en faut trouuer vn moyen proportionel. Soit construit le rectiligne EFG semblable & semblablement posé au rectiligne B D, mais egal au rectiligne A, puis estant

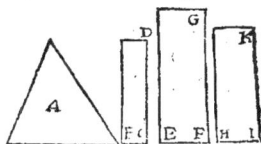

trouué H I moyen proportionel entre E F, B C, soit construit sur icelle HI, le rectiligne H I K semblable & semblablement posé à B D : & iceluy rectiligne sera le requis: Car
puis que les trois lignes E F, H I, B C, sont proportionelles,
les rectilignes E F G, H I k, B C D, descrits sur icelles, semblables & semblablement posés seront aussi proportionels par ce qui est demonstré en la 22. p. 6. ou AXIOME 100.
Veu donc que le A & E G sont egaux, les rectilignes
A, HI k, B D, sont pareillement proportionaux, & partant
HK est moyen proportionel entre A & B D. Ce qu'il falloit faire.

SCHOLIE.

Veu que la mesme construction que dessus se peut faire auec le compas de proportion, les costez du rectiligne H I K, seront aussi trouués auec iceluy compas.

PROBL. LXXIII.

Construire deux rectilignes egaux à vn rectiligne donné, lesquels soient semblables & semblablement descrits à vn autre rectiligne donné, & qui ayent entr'eux vne raison proposée.

Soient donnés le rectiligne *A*, & la raison de *B* à C: &
il faut constituer deux rectilignes qui soient egaux à iceluy
A, & qui soient
entr'eux selon la
raison de B à C,
mais semblables
& semblablement
posés au rectilig.

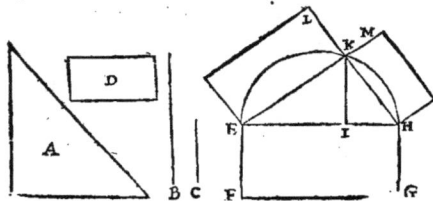

D. Soit conſtruit le rectiligne E G egal à A, mais ſemblable & ſemblablement poſé à D, puis eſtant diuiſé E H en
I ſelon la raiſon de *B* à *C*, ſoit deſcrit ſur icelle *E* H le demy
cercle E k H, & de I ſoit menée perpendiculairement I k,
puis eſtant menées les lignes E k, H k, ſoient deſcrits ſur
icelles les rectilignes E L, H M, ſemblables & ſemblablement poſés à D, & icelles ſeront les rectilignes requis:
Car l'angle E k H, eſtant droict par la 31. p. 3. les rectilignes E L, H M, ſeront egaux au rectiligne E G par la 31. p. 6.
ou Axiome 92. puis qu'ils ſont entr'eux ſemblables & ſemblablement deſcrits, & par la 4. p. 6. ou Axiome 87. comme E I eſt à I k, ainſi E k à k H: car les triangles ſont ſemblables, mais E I eſt à I H en raiſon doublée de la raiſon de
E I à I k, d'autant que E I, I k, I H, ſont proportionelles par
le Corollaire de la 8. p. 6. Item E L eſt à H M en raiſon doublée des coſtez homologues E K, K H, par la 20. p. 6. ou
98. Axiome: donc comme E I ſera à I H; c'eſt à dire B à C,
ainſi E L à H M. Ce qu'il falloit faire.

SCHOLIE.

Les coſtez des deux rectilignes E L, H M, ſeront auſsi trouués auec le
compas de proportion, ſçauoir eſt premierement les coſtez de E G, puis ayans
couppé E H ſelon la raiſon de B à C, ſera trouué la moyenne proportionelle
I K, puis apres les coſtez E k, H k, & finalement les coſtez k L, K M.

PROBL. LXXIV.

Conſtruire deux rectilignes egaux à vn rectiligne donné, mais ſem-
blables & ſemblablement deſcrits à quelconque rectiligne,
& que les coſtez homologues d'iceux, ſoient entr'eux
ſelon vne raiſon donnée.

Soient donnés le rectiligne A, & la raiſon de *B* à C, & il

faut conſtruire deux rectilignes egaux à *A*, mais ſemblables & ſemblablement deſcrits à D, deſquels les coſtez homologues ſoient entr'eux comme *B* à *C*. Soit trouué *E* troiſiéme proportionele à *B*, *C*, & deſcrit le rectiligne *F G H*
egal à *A*, mais ſemblable & ſemblablement poſé à D, puis

le coſté *F H* eſtant
diuiſé en *I*, ſelon la
raiſon de *B* à *E*, ſoit
deſcrit ſur *F H* le
demy cercle *F K H*
& de *I* menée per-
pendiculairement
I K; ſoient puis a-
pres menées les lignes *F K* & *H K*, & ſur icelles deſcrit les
rectilignes *F L K*, & H *M* k, ſemblables & ſemblablement
poſées à D, leſquelles figures rectilignes ſeront les requiſes:
Car d'autant que par la 31. p. 3. ou Axiome 1. l'angle *F* k H
eſt droict, les rectilignes F k L, H k M, ſeront egaux au rectiligne *F G H*, par la 31. p. 6. ou Axiome 92. & partant au
rectiligne A, mais par la 4. p. 6. ou Axiome 87. comme F I
eſt à I k, ainſi F k à k H: car les triangles ſont ſemblables par
la 8. p. 6. ou 91. Axiome, & pour ce que par le Coroll. d'iceluy, les lignes *F I*, *I* k, *I* H, ſont proportionelles, *F I* eſt à I H
en raiſon doublée de *F I* à I k, & partant en raiſon doublée
des coſtez homologues *F K*, K H. Or la raiſon de *B* à *E* eſt
telle que de *F I* à I H: c'eſt à dire en raiſon doublée de *B* à *C*,
donc il y aura meſme raiſon de F k à k H, que de *B* à *C*,
puis que les raiſons doublées d'icelles *F I* à I *K*, & *B* à *E* ſont
egales, mais par la 19. p. 6. ou Axiome 97. les rectilignes *F* k *L*,
H k M, ſont auſſi en raiſon doublée de *F K* à k H; donc

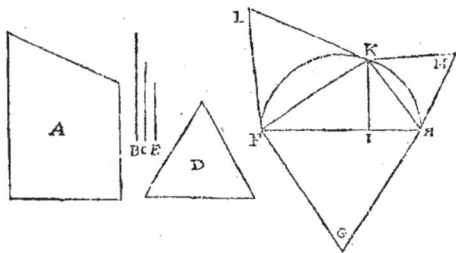

　　　　　　　　　　　　　　　　　comme

comme B à C, ainfi F k L, à H k M. Ce qu'il falloit faire.

SCHOLIE.

Les coftez des rectilignes F k L, H k M, feront auffi trouuez auec le com-
pas de proportion, faifant auec iceluy la mefme conftruction que deffus, &
eftans bien entendus les Scholies des Problemes precedens.

PROBL. LXXV.

Defcrire vn rectiligne femblable & femblablement pofé à vn re-
ctiligne donné, plus grand ou moindre felon
vne raifon donnée.

Soit le rectiligne donné A B C : & il en faut defcrire vn
plus grand, femblable & femblablement pofé, felon la raifon de D à E. Soit trouué F qua-
triéme proportionele aux trois
D, E, A B, puis G H moyen proportionele entre AB, F, fur laquelle G H, foit defcrit le rectiligne
G H I femblable & femblablement pofé à A B C, & il fera
le rectiligne requis : Car puis que les trois lignes AB, GH,
& F font proportionelles, comme A B fera à F ; c'eft à dire comme D à E, ainfi le rectiligne ABC au rectilig. GHI,
par la 19. p. 6. ou 97 Axiome. Ce qu'il falloit faire.

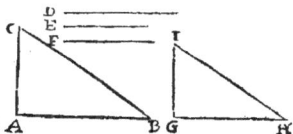

Non autrement, faudroit-il proceder pour defcrire le
rectiligne G H I moindre que A B C, felon la raifon de E à
D, & femblable & femblablement pofé à iceluy A B C.

SCHOL.

Veu que la mefme conftruction que deffus fe peut faire auec le compas

O

de proportion, il eſt manifeſte qu'auec iceluy ſeront trouuez les coſtez du rectiligne G H I.

Or par cette meſme maniere, nous conſtituerons vn quarré, ou quelconque autre rectiligne, double d'vn autre donné, ou triple, ou quadruple, &c. ou bien qui ſoit moitié, tiers, ou quart, &c. Car ſi on prend la raiſon de D à E, comme 1 à 2, ou 1 à 3, ou 1 à 4. ou bien comme 2 à 1, ou 3 à 1, ou 4 à 1, &c. en paracheuant comme deſſus, on aura vn rectiligne ſemblable & ſemblablement poſé au donné, & double, ou triple, ou quadruple, &c. ou bien moitié, tiers, ou quart, &c. d'iceluy

Cette augmentation ou diminution ſe fera encore plus promptement, comme enſuit. Si on veut deſcrire vn rectiligne ſemblable, & ſemblablement poſé à A B C, mais moitié d'iceluy. Soit priſe la ligne D, moitié de A B, (ou bien tiers, quart, double, triple, &c. ſelon le requis) & ayant trouué G H, moyenne proportionelle entre A B & D, ſoit deſcrit ſur icelle le rectiligne G H I, ſemblable, & ſemblabl. poſé à A B C, & iceluy ſera moitié de ABC.

Car puis que les trois lignes A B, G H, D ſont proportionelles, A B ſera à D en raiſon doublée de A B à G H: mais les rectilignes A B C, G H I ſont auſſi en raiſon doublée de leurs coſtez homologues A B, G H; il y a donc meſme raiſon de A B à D, que de A B C à G H I: mais A B eſt double de D: Donc A B C, eſt auſſi double de G H I, ainſi qu'il falloit faire.

Cecy ſe fera auſſi facilement auec le compas de proportion, s'aidant de la ligne des plans en cette maniere. Soit pris A B, & ſoit poſée à l'ouuerture du deuxiéme plan, (puis que nous voulons vn plan qui ſoit moitié de A B C) & l'ouuerture du premier plan donnera G H, mais ayant poſé A C, à ladite ouuerture du deuxième plan, l'ouuerture du premier donnera G I, & ainſi des autres coſtez.

PROBL. LXXVI.

Eſtant donné vn rectiligne, en trouuer vn autre egal à iceluy, &
dont les coſtez ſoient entr'eux ſelon vne
raiſon donnée.

Soit donné le rectiligne A : & il en faut conſtruire vn autre egal à iceluy, mais dont les coſtez ſoient entr'eux ſelon la raiſon de B à C.

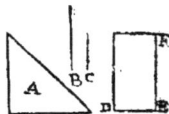

Soit fait vn parallelogramme de B & C, puis soit descrit le parallelogramme D E F egal au rectiligne A, mais semblable à celuy de B & C, & iceluy sera le requis, comme il est euident par la construction.

SCHOLIE.

D'autant que la mesme construction se peut faire auec le compas de proportion, les costez de D F seront trouuez auec iceluy.

Or en la mesme maniere, nous descrirons vn rectiligne egal à vn rectiligne donné, & dont les costez soient entr'eux selon vne proportion donnée, sçauoir est, constituant le rectiligne, d'autant de costez qu'il y aura de termes en la proportion, & proportionnaux ausdits termes.

PROBL. LXXVII.

Estans donnez deux rectilignes, & vne ligne droicte; trouuer vne autre ligne droicte, à laquelle soit la donnée comme l'vn des rectilignes donnez à l'autre.

Soient donnez les deux rectilignes A B C & D, & aussi la ligne droicte E: & il faut trouuer vne autre ligne droicte, à laquelle soit E, comme le rectiligne A B C, au rectilig. D.

Soit construit le rectiligne F G H egal à D, mais semblable à A B C; puis soit trouuée I, troisiéme proportionelle aux costez homologues *A B, F G*; & *K* quatriéme proportionele aux trois *A B, I, E*, laquelle sera la ligne requise.

Car puis que par la construction *A B, F G, I*, sont proportionelles, *A B* sera à *I*, comme le rectiligne *A B C* est au rectiligne F G H, par le Corollaire de la 19. p. 6. mais *A B C*

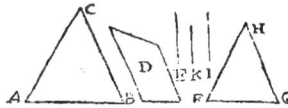

O iij

est à I, comme E à K : donc comme le rectiligne A B C est
au rectiligne F G H, c'est à dire D, ainſi la ligne E est à la ligne K. Ce qu'il falloit faire.

SCHOL.

La meſme ligne k ſera auſſi trouuée auec le compas de proportion : veu
que la meſme conſtruction que deſſus ſe peut faire auec iceluy.

PROBL. LXXVIII.

Eſtant donné vn quarré, deſcrire dans iceluy vn autre quarré ſe-
lon vne raiſon donnée d'inegalité majeur, laquelle ne ſoit tou-
tesfois plus grande que double.

Soit donné le quarré A B C D, dans lequel il faut deſcrire vn autre quarré auquel celuy dóné, ſoit ſelon la raiſon
de E à F. Soit trouué vn quarré,
auquel le dóné ſoit comme E à
F. Du centre G & interuale de la
ſemidiagonalle d'iceluy quarré trouué, ſoit deſcrit vn cercle lequel couppera les coſtez
du quarré donné, és poincts
H, I, K, L, M, N, O, P, & eſtans
menées les quatre lignes droi-
Hk, kM, MO, OH, le quadrilatere H k M O, ſera le requis.
Car eſtant deſcrit du centre G vn cercle à l'entour du quarré A B C D, & tiré de G aux coſtez A B, A D, les perpendiculaires G Q, G R, tant les lignes A B, A D, que H I, O P,
ſeront couppées par la 3.p.3. ou Axiome 33. en deux egalement en Q & R : & pour ce que A B, A D, ſont egales elles ſe-

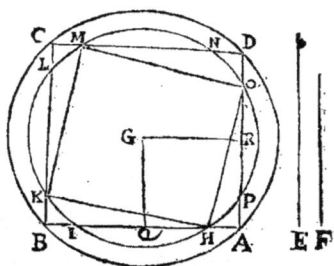

ront par la 14. p. 3. ou axio. 44. egalem. diftâtes du centre
G : & partant auffi *H I, O P,* egalement diftantes du mefme centre : donc auffi egales par la mefme 14. p. 3. & partant auffi egales leurs moitiés : mais auffi egales font les
moitiés de *AB, AD* : oftant donc ces moitiés là de celles-cy,
refteront *A H, A F BI, D O,* egales. par mefmes raifons,
on prouuera que *B K, CL, CM, DN,* font auffi egales entr'elles, & à icelles *AH, AP, BI, DO.* Item, puis que *HI, OP,*
font egales, fi on leur adjoufte les egales I B, *P A,* les toutes B H, A O, feront egales : & pour mefme caufe C k &
D M feront auffi egales entr'elles, & à icelles B H, A O, &
puis que les deux coftez A O, A H, font egaux aux deux
coftez B H, Bk, & les angles compris d'iceux, egaux ; les bafes H O, H k, feront egales par la 4. p. 1. ou axiome 10. &
en la mefme maniere feront demonftrées k M, M O, egales
entr'elles & aux deux HO, Hk : donc le quadrilat. Hk, MO,
eft equilateral. Ie dis qu'il eft auffi rectangle : Car puis que
les coftez H K, *K M,* M O, O H, font egaux, les arcs qu'ils
fouftiennent feront auffi egaux, par la 2. p. 3. ou axiome 56.
& partant ils feront chafcun la quatriéme partie du cercle :
donc OHK, HKM, *K* MO, MOH, font demys cercles, &
partant par la 31. p. 3. ou axiome 1. les 4. angles H, K, M, O,
font droicts : donc H *K* M O eft vn quarré auquel le donné eft comme E à F : car iceluy H *K* M O eft egal à celuy-
là trouué en cette raifon, veu qu'vn mefme cercle circonf-
criroit l'vn & l'autre. Ce qu'il falloit faire.

SCHOLIE.

Les poincts H, K, M, O, feront auffi trouués auec le compas de proportion :
Car ayant trouué auec iceluy, le cofté du quarré qui foit au donné, felon la rai-
fon de E à F, & faifant la demye diagonale d'iceluy quarré trouué, l'hypothe-

O iij

nuſe d'vn triangle rectangle, & la moitié de AB, l'vn des deux autres coſtés
ſera aiſément trouué le troiſiéme H Q, & par conſequent nous aurons facile-
lement les poincts H, k, M, O.

PROBL. LXXIX.

Deſcrire vn quarré dans quelconque triangle donné.

Soit le triangle ABC, dans lequel il faut deſcrire vn quarré: de l'angle A ſoit tirée la ligne AD perpendiculairement
à BC, qui tombe dans le triangle, & ſoit icelle A D couppée en E, tellement que A E ſoit à E D comme A D à BC,
puis par E ſoit menée F G parallele à
BC; & finalement eſtant menée de F &
G, FH & GI paralleles à A D. Ie dis que
le rectiligne F G I H ſera vn quarré inſcrit au triangle ABC. Car d'autant que
F G eſt parallele à BC, le triangle A F G
eſt ſemblable au triangle A BC, & AD couppe iceux triangles en autres triangles ſemblables, chaſcun au ſien: c'eſt
à dire, A F E à A BD, & A E G à A D C, & partant comme
BD ſera DC, ainſi FE à EG, & en cópoſant cóme BC à DC,
ainſi F G à E G: mais comme C D à D A, ainſi G E à E A;
donc par la 22. p. 5. ou Axiome 96. en raiſon egale, comme
B C à A D, ainſi F G à AE: mais pource que par la conſtruction comme A D eſt à B C, ainſi A E à E D, derechef en
raiſon egale, cóme BC à BC, ainſi F G à E D. Or BC eſt eg.
à BC, donc FG eſt egale à E D: & pource que par la 34. p. 1.
ou Axiom. 23. FG eſt egale à HI, & ED à icelles F H, GI, les
quatre coſtez F G, G I, I H, H F, ſeront egaux entr'eux. Et
par la 29. p. 1. ou 6. Axiome, les ang. E D H, F H D ſont egaux
à deux droicts: mais E D H eſt droict par la conſtruction:

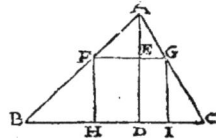

FH D eſt donc auſſi droiƈt , & par conſequent les autres
angles H F G, F G I, G I H, ſeront pareillement droiƈts, par
ladite 34. p. 1. & partant H G eſt quarrée.   Ce qu'il falloit
faire.

SCHOLIE.

Le coſté d'iceluy quarré, enſemble les poinƈts F, G, H, I, ſeront auſſi trouués
auec le compas de proportion : couppant premierement la hauteur A D en E,
ſelon la raiſon de A D à B C, puis trouuant A F quatriéme proportionele à
B C, B A, E D; & A G à B C, C A, E D : puis le compas eſtant à angle droiƈt,
nous trouuerons aiſément B H : & par conſequent B I.

PROBL. LXXX.

Dans vn triangle donné, deſcrire vn parallelogramme reƈtangle
egal à vn parallelogramme donné, lequel ne ſoit plus grand que
la moitié du triangle donné.

Soit le triang. A B C, & le parallelog. donné B D, duquel le
coſté E D couppe l'vn ou l'autre coſté du triangle, comme
A C en F : (que ſi le parallelogramme B D donné n'eſtoit reƈtangle, & diſposé, comme il eſt icy ſur l'vn des coſtez du
triangle, il luy faudroit reduire; c'eſt à
dire, faire ſur B C le reƈtangle B D egal
au donné.) Soit couppé le coſté A C en
G, tellemét que le reƈtang. de A G C ſoit
egal au reƈtangle de A C F; en apres de
G ſoit tirée G H parallele à B C, puis de G, H ſoient menées
les perpendiculaires G I, H k, & le parallelogramme G H k I
ſera le requis: car puis que le reƈtangle de A C F eſt egal au
reƈtangle de A G C, par la 14. p. 6. comme A C eſt à A G, ainſi
G C à C F, & par la 4. p. 6. comme A C à B C, ainſi A G à G H, &
comme G C à G I, ainſi C F à C D, & comme A C à A G, ainſi

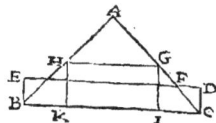

B C à G H, & comme G C à C F, ainfi G I à D C: donc par la
9. p. 5. comme B C à H G, ainfi G I à C D, & partant par la
16. p. 6. le rectangle de B C D eft egal au rectangle de H G I.
Ce qu'il falloit faire.

SCHOLIE.

Les poincts G, H, I, k, feront trouuez auec le compas de proportion : Car trouuant de combien de degrez eft l'angle A C B, nous aurons fon fuplément D C F, & par confequent auffi C F D, qui eft egal à iceluy A C B ; & partant les angles, & le cofté C D du triangle, nous feront cognus : donc auffi les coftez C F & F D : puis ayant couppé A C en G côme dit eft, foient trouuées A H quatriéme proportionele à A C, A G, A B, & C I à C F, F D, G C ; & K fera par confequent auffi donné.

PROBL. LXXXI.

Eftans donnés des triangles rectangles, trouuer des lignes droictes qui foient entr'elles en mefme raifon, & ordre que font les triangles.

Soient donnés les trois triangles rectilignes A, B, C ; & il faut trouuer trois lignes droictes qui foient entr'elles en mefme raifon, & ordre qu'iceux triangles.

Soit fait le parallelogramme D F egal au triangle A, puis fur la ligne E F, foit fait le parallelogram-me E H egal au fecond triangle B, & ayant l'angle F E G egal à l'angle D, & finale-ment fur la ligne G H, foit fait le parallelo-gramme H I egal au triangle C, & ayant l'an-gle H G I egal à l'ang. D, & les bafes D E, E G, G I, feront entr'elles comme les triang. donnez.

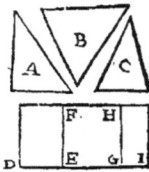

Car icelles bafes font entr'elles comme les parallelogram-mes par la 1. p. 6. mais les parallelogrammes font par la conftruction

struction egaux aux triangles donnez A, B, C: donc comme A est à B, & B à C, ainsi D E est à E G, & E G à G I. Ce qu'il falloit faire.

SCHOLIE.

Les mesmes lignes seront aussi trouuées auec le compas de proportion : veu qu'auec iceluy on peut faire la mesme construction que dessus.

Or il est manifeste qu'estant proposées deux ou plusieurs figures rectilignes, se pourront trouuer des lignes droictes qui seront entr'elles comme icelles figures rectilignes. Car icelles figures estans diuisées en triangles, on trouuera les lignes d'iceux comme dessus, & celles des triangles de l'vne desdites figures, estans adjoustées ensemble, seront aux lignes adjoustées de l'autre figure, comme vne figure à l'autre.

PROBL. LXXXII.

Coupper vne ligne droicte donnée , tellement que les segmens soient entr'eux comme des figures rectilignes données.

Soit donnée la ligne droicte A B, qu'il faut coupper en sorte que les segmens soient entr'eux comme les deux figures rectilignes données C & D.

Soient trouuées les deux lignes E F, & F G qui soient entr'elles comme C est à D : puis soit fait que comme E F est à F G, ainsi A H soit à H B, & la ligne A B sera couppée en H, ainsi qu'il estoit requis. Car puis que comme C est à D, ainsi E F est à F G ; & comme E F est à F G, ainsi A H est à H B ; comme C est à D, ainsi A H est à H B. Ce qu'il falloit faire.

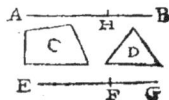

SCHOLIE.

Ladite ligne A B sera aussi couppée en H selon le requis auec le compas de propor-tion : veu que sur iceluy se peut faire la mesme construction que dessus.

PROBL. LXXXIII.

Estans donnez la somme des extremes, & la moyenne des trois
proportionelles, discerner les extremes.

Soient données les deux lignes A B & C, desquelles
A B est l'aggregé des extremes de trois proportionelles,
& C la moyenne: & il faut discerner iceux extremes.

Soit descrit sur A B vn demy cercle,
puis au poinct A esleué la perpendiculaire A E egale à C, & du poinct E, soit menée E F parallele à A B, couppant la circonference au poinct *F*, duquel poinct soit menée F G
perpendiculaire à A B, & icelle discernera les extremes requis, qui seront *A* G, G *B*. Car il est manifeste qu'elle est
moyenne proportionelle entre icelles A G, G *B*, & egale a
A E, c'est à dire à C.

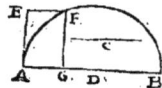

COROLE.

Il est euident, que la somme des extremes estant donnée, & vn rectiligne egal au rectangle des extremes, seront facilement trouuez les extremes: car il n'y a qu'à trouuer le costé d'vn quarré egal au rectiligne donné, puis faire comme dessus.

SCHOLIE.

Les mesmes extremes A G, G B, seront aussi trouuez auec le compas de proportion:
Car nous auons AD, ou D F, & GF ou C, qui font deux costez d'vn triangle rectangle,
& partant l'autre costé D G sera trouué; & par consequent le reste A G.

Or ce Probleme se proposera encore ainsi: Estans données deux lignes droittes, dont
l'vne ne soit moindre que le double de l'autre, coupper la plus grande en sorte que la
moindre soit moyenne proportionelle entre les segmens d'icelle.

PROBL. LXXXIV.

Estans données la moyenne de trois proportionelles, & la difference
des extremes, trouuer les extremes.

Soient données les deux lignes *A* B & B C, dont *A* B est

la difference des extremes de trois proportionelles, & *B C* la moyenne, & il faut trouuer les extremes.

Ayant posé icelles *A B*, *B C* à angle droict, soit prolongée *A B* de part & d'autre interminée, & couppée en deux egalement en *D*, & de ce poinct *D*, & interualle *D C* soit descrit le demy cercle *ECF*, & les lignes *EB*, *B F* seront les requises.

Car *BC* est moyenne proportionelle entre icelles, & puis que *E D*, *D F*, sont egales, & *A D*, *D B* aussi egales, *A E*, *B F* seront pareillement egales, & partant *A B* est la difference d'icelles *E B*, *B F* : elles sont donc les extremes requises.

COROL.

Il est manifeste que la difference des extremes estant donnée, & vn rectiligne egal au rectangle des extremes, les extremes seront facilement trouuées ; car il n'y aura qu'à trouuer le costé d'vn quarré egal au rectiligne donné, puis faire comme dessus.

SCHOLIE.

Les lignes B E, B F seront aussi trouuées auec le compas de proportion : car nous auons deux costez d'vn triangle rectangle, & partant l'autre costé D C sera trouué, duquel ostant D B, restera B F, mais l'adioustant, nous aurons B E.

Or ce Probleme se peut encores construire & proposer en diuerses autres manieres.

PROBL. LXXXV.

Estant donnée vne ligne droicte, la coupper en trois segmens inegaux proportionnaux.

Soit la ligne droite donnée *A* B , qu'il faut coupper en trois segmens inegaux proportionaux.

Soit couppé A C moindre que le tiers d'icelle A B, puis

ſoit deſcrit ſur l'autre ſegmét C B vn demy cercle, en apres
du poinct C, ſoit menée perpendicul.
CD, egale à AC, puis du poinct D ſoit
menée D E parallele à C B, couppât la
circonfer. en E, duquel poinct E ſoit
menée E F perpendiculaire à C B, & icelle E F couppera
C B en deux ſegmés C F, F B, entre leſquels A C eſt moyenne proportionelle, & partant *A* B eſt couppée en trois ſegmens inegaux proportionaux és poincts C & *F*, ainſi qu'il
eſtoit requis, dont la demonſtration eſt manifeſte.

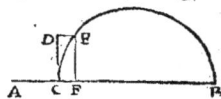

SCHOLIE.

*Les ſuſdits ſegmens ſeront anſſi trouuez facilement auec le compas de proportion,
mettant icelle A B à l'ouuerture de quelque nombre, prouenant de l'addition de trois
nombres proportionaux: comme pour exemple, ſur le nombre 190, qui eſt la ſomme de
ces trois nombres 40, 60, 90, qui ſont en raiſon ſous-ſeſquialtere, & les ouuertures
de 40, 60, 90, donneront les ſegmens requis.*

*Or il eſt manifeſte qu'il eſt aiſé de coupper vne ligne droicte auec le compas de
proportion, en tant de ſegmens proportionaux & en telle raiſon qu'on voudra: car il n'y
a qu'à transferer ladite ligne donnée à l'ouuerture d'vn nombre, prouenant de l'addition d'autant de nombres, qui ſoient entr'eux, ſelon la raiſon proposée, comme ſeront
requis de ſegmens.*

FIN.

Cette Geometrie contenoit quatre liures, dont il y auoit 200.
*P*roblemes en ce premier: mais l'*A*utheur d'icelle ayant découuert
que l'impreſſion s'en faiſoit à ſon deſceu, en a empeſché la continua-
tion; c'eſt pourquoy nous auons mis fin en cét endroit: Et toutesfois afin que cette Geometrie pratique ne demeuraſt imparfaicte,
nous y auons joint celle d'*E*rrard, corrigée, & de beaucoup aug-
mentée, ainſi qu'on recognoiſtra conferant les precedentes editions
à celle-cy.

www.ingramcontent.com/pod-product-compliance
Lightning Source LLC
Chambersburg PA
CBHW071221200326
41519CB00018B/5628